BusinessVillage

SIGI BÜTEFISCH

CLEVER VISUALISIEREN

BESSER DENKEN, ERKLÄREN, INSPIRIEREN, LENKEN MIT SCETCH4EFFECTS

BusinessVillage

Sigi Bütefisch
Clever visualisieren
Besser denken, erklären, inspirieren, lenken mit scetch4effects
1. Auflage 2023

Bestellnummern
ISBN 978-3-86980-707-2 (Druckausgabe)
ISBN 978-3-86980-708-9 (E-Book,PDF)
PB-1175

Direktbezug www.BusinessVillage.de

Bezugs- und Verlagsanschrift
BusinessVillage GmbH
Reinhäuser Landstraße 22
37083 Göttingen
Telefon: +49 (0)5 51 20 99-1 00
E-Mail: info@businessvillage.de
Web: www.businessvillage.de

Layout und Satz | www.buetefisch.de

Druck und Bindung | AALEXX Druck Produktion, Großburgswedel

Autorenfoto | Stefan Sättele, ©Hochschule Biberach

Inhalt

Inhalt

Über den Autor

Siegfried (Sigi) Bütefisch ist Diplom-Grafikdesigner, systemischer Coach, Trainer und Autor. Seine Philosophie: »Kommunikation ist nur Mittel zum Zweck – das Ziel sind messbare Ergebnisse!« Schon immer war bei Meetings der Stift in der Hand sein Werkzeug, um Diskussionen anzuregen und Menschen zu überzeugen. Begeistert davon, sprach ihn eine Kundin einmal darauf an, ob er auch Visualisierungskurse gebe. Da wurde ihm bewusst, dass das, was er tat und konnte, einen Namen hat und immer mehr zum Trend wird. Visualisieren! So wurden Sketchnoten & Co sowie andere dafür zu begeistern seine zweite Mission.

Foto: Stefan Sättele, ©Hochschule Biberach

Kontakt:
sigi@buetefisch.de
https://www.sketch4effects.de
https://www.linkedin.com/in/buetefisch
https://www.buetefisch.de

Gedanken

»Denken ist interessanter als Wissen, aber nicht als Anschauen.«
Johann Wolfgang von Goethe

»Das Bild ist die Mutter des Wortes.«
Hugo Ball

»Der Mensch, das Augenwesen, braucht das Bild.«
Leonardo da Vinci

»Ein Bild ist ein Gedicht ohne Worte.«
Quintus Cornificius

»Ein Bild über etwas ist spannender als ein Bild von etwas!«
Sigi Bütefisch

»Ein Bild sagt mehr als tausend Worte.«
Aber wie gelingt es mir, diesen Satz jetzt schnell zu visualisieren?

Downloadangebote – noch mehr Impulse

Dieses Buch enthält vierunddreißig Impulse sowie drei zusätzliche Anstöße, um jedes Level zu vertiefen. Die fünfzig Übungsaufgaben und fast zweihundert Abbildungen bringen dich vom Lesen zum Tun.

Wenn dir das immer noch nicht reicht und wenn du einiges direkt per Video erklärt haben möchtest, dann schau in den Downloadbereich des Verlages: **www.businessvillage.de/DL-1175.html**

Beispiele zur Inspiration – Visualisierungen sind so vielfältig wie Themen und Persönlichkeiten.

Videoimpulse zur Erklärung – Manches ist leichter gezeigt als erklärt.

Weitere Übungen – Denn mehr Üben hilft mehr.

Materialtipps – Visualisierung ist Handwerk.

Buchempfehlungen und Links – Andere Visualisierer haben auch gute Ideen.

Visualisierung ist eine universelle Sprache, vergleichbar mit der universellen Sprache der Musik. Beide haben die Kraft zu verbinden – über die Grenzen von Meinung, Geschlecht, Alter, Herkunft, Bildung und Kultur hinweg. Genauso wie die Musik spiegelt Visualisierung zugleich unsere Individualität als auch unsere Gemeinsamkeiten wider. Ich finde: Verständliche Sprache muss einfach sein, muss fließen, muss gesungen werden können! Gendern dagegen macht für mich persönlich das Schreiben komplizierter, langatmiger, verkopfter und holpriger. Respekt, Gleichberechtigung und das Recht auf Vielfalt können für mich nur gelebt, aber schwer herbeigeschrieben werden. Wenn dir aber, liebe Leser:in, Doppelpunkt oder Sternchen wichtig sind – fühl dich bitte trotzdem, auch ungegendert, angesprochen und wertgeschätzt.

3, 2, 1, Go!

Drei:

Schlägst du gerade dein erstes Buch über Visualisierung auf? Hast du schon einige Bücher über Sketchnoting & Co im Schrank stehen und willst deine Fähigkeiten verbessern? Oder ist das Denken und Erklären mit dem »Stift in der Hand« inzwischen schon unverzichtbar für dich geworden? Egal, das geht den Teilnehmern meiner Workshops typischerweise auch so – und jeder nimmt am Ende was mit.

Fragst du dich vielleicht, warum dieses Buch *»Clever Visualisieren«* heißt? **Clever steht für schlau, gewitzt, intelligent – um alle Möglichkeiten nutzend seine Ziele zu erreichen!** Wer möchte nicht clever sein. Clever visualisieren heißt, mit minimalem Zeichenaufwand maximal viel zu erreichen. Deshalb: Mach's einfach, verkünstle dich nicht. Wenn du Lust hast, wird dieses Buch nun zu deinem strukturiert aufgebauten Workshop von ganz einfach bis einfach genial, Impuls für Impuls. Du startest ganz einfarbig, mit den Stiften, die du hast. Vergiss nie: Das praktische Tun, das Sketchen bringt dich voran, nicht das Mehr-Wissen. Klar kannst du dieses Buch einfach lesen oder es überfliegen und dann die Rosinen herauspicken. **Besser ist aber, es von vorne durchzuarbeiten – Schritt für Schritt.** Mit Lesen und Üben investierst du dann pro Impuls zwischen zwanzig und vierzig Minuten. Je nachdem, wie du beim Üben die Zeit vergisst. Hör auf, selbst wenn du noch Lust hättest, weiterzumachen. Denk an das Gießen und Düngen, zu viel hilft wenig, im Gegenteil. Man weiß aus der Lernforschung, dass es Zeit braucht, bis sich neue Fähigkeiten festigen. Nimm dir deshalb ganz entspannt zwei bis drei Wochen Zeit für jedes Level. Ganz in dem Wissen, dass dir jeder einzelne Impuls schon sofort in deiner Berufspraxis nutzt.

An die Schon-Könner: Du wirst dich nicht langweilen – schon die ersten Impulse werden dich auf neue Ideen bringen. Zudem wird dir dieses strukturiert aufgebaute Workbook helfen, andere an den Stift zu bringen. Denn cleveres Visualisieren als gemeinsames Tool für bessere Ergebnisse ist letztendlich die Königsdisziplin.

Zwei:

Zum Versprechen des Buchtitels »Besser denken, erklären, inspirieren, lenken mit sketch4effects«. **Fakt ist, wer mehr versteht, verständlicher erklärt und zur effektiven Arbeit motiviert, erzielt bessere Ergebnisse.** Clevere Visualisierungen machen Ideen, Informationen und Gedanken sichtbar – vor allem, wenn sie einprägsam eine Story erzählen. **Deshalb findest du in diesem Buch keine isolierten, einzelnen visuellen Vokabeln zum Kopieren und Auswendiglernen, sondern Story-Sketchnotes.** Vergiss nie: Du kannst mit einzelnen visuellen Elementen deine Präsentationen und Flipcharts zwar aufhübschen – aber erst durch visuelle Storys erreichst du Herz und Hirn.

Visuell Menschen bewegen – sich selbst und andere, ist der Kern dieses Workbooks. Fürs Auswendiglernen von einzelnen visuellen Vokabeln gibt es schon genug gute Bücher. Dennoch wirst du dein visuelles Vokabular vergrößern und auf ein neues Level heben – ganz nebenbei. Immer in dem Wissen: Visuelle Elemente sind Würze. Nicht Dekoration, nicht Sättigungsbeilage.

Eins:

Visualisieren braucht die Verbindung von Hirn, Herz und Hand – Sketchen ist also Handarbeit, Handwerk. Und jedes Handwerk braucht Übung! Ein Tipp: Beschränke das Üben nicht nur auf die Aufgaben. Umso schneller wird Visualisieren so selbstverständlich werden, wie eine E-Mail zu tippen. Mach es dir auch gleich zur Gewohnheit, beim Lesen in dir Bilder entstehen zu lassen. Welche Bilder fallen dir spontan für Gießen und Düngen ein? Ein Schnappschuss deiner Gedankenbilder reicht. Das trainiert das Denken in und das Vorstellen von Bildern. Du musst es nicht immer aufs Papier bringen. Reflektiere jetzt, welche Begriffe dir spontan eingefallen sind – schon bist du mittendrin im gedanklichen Sketchnoten. Sketchnotes sind Verbindungen von Skizzen (Sketches) mit Text (Notes). Du siehst: **Clevere Visualisierung ist alltagstauglicher Breitensport zum Mitmachen – nicht Spitzensport rein für Profis und Zuschauer.** Visualisierung ist das Schweizer Messer für deinen beruflichen Alltag. Nicht ein kunstvolles Illustratoren-Ausstellungsstück für den Bilderrahmen zum Bewundern.

Platz für deine RAND-NOTIZ

Go:

Für den Start brauchst du nur einen dünnen Feinliner, einen Bleistift und einen Stapel weißes A4-Kopierpapier. Ein Textmarker und farbiger Feinliner sowie ein etwas dickerer Filzstift erweitern deine Möglichkeiten. Eine Schachtel oder Mappe hilft dir beim Aufbewahren deiner Sketches – der Blick zurück demonstriert deinen Lernfortschritt.

Was du zusätzlich an Material brauchst und wo du es bequem kaufen kannst, findest du auf Seite 44.

Übung 1: Du hast es gerade ja schon rein gedanklich geübt. Mach einen Gedankenschnappschuss zum Würzen? Als weitere Inspiration: Womit, wie und warum wird gewürzt. Nun bring es auf das Papier. Lass deine Hand mit dem Stift einfach machen. Ohne Zögern und ohne bewertende Schere im Kopf. Es gibt keine Noten. Schreibe noch ein oder zwei Begriffe dazu. Denn auch Worte würzen – und sind Teil des visuellen Wortschatzes.

Clever visualisieren / www.sketch4effects.de

Vielleicht denkst du beim Blick auf die ersten Seiten, dass du schon beeindruckendere Visualisierungen gesehen hast. Damit hast du völlig recht, denn

... es ist ein Trainingsbuch. Ein Profi-Sportwettkampf ist im ersten Moment auch beeindruckender als ein Live-Aufwärmtraining. Ich möchte dich nicht beeindrucken, sondern dich einladen, gleich mitzutrainieren. Weil du merkst, dass es wirklich einfach geht.

... es sind zunächst bewusst nur einfarbige Skizzen, die darauf warten, von dir bald koloriert, schattiert und mit Effekten versehen zu werden. Dann erlebst du direkt, was das an Ausdrucksplus und Klarheit bringt.

... spontane, einfache, Ad-hoc-Visualisierungen bringen dir den meisten Nutzen im Business. Nicht die verkünstelten, die vorgezeichneten, die von Profis.

Jetzt viel Spaß mit diesem Workbook

Level 1

1

Du lernst in diesem Level, wie du durch Visualisierung Menschen bewegst; deine visuellen Muskeln trainierst; deinen visuellen Grundwortschatz entwickelst; visuelle Storys spannend erzählst; Figuren mit Ausdruck skizzierst; Farbe und Schatten gezielt einsetzt; den Fokus auf wichtige Elemente in deinen Sketchnotes lenkst.

01: HANDMADE kommt an

Bewegen durch menschlich Unperfektes

Lohnt es sich noch, Handmade-Visualisieren zu üben? In Zeiten von immer besseren KI-Bildgeneratoren? Abgesehen davon, dass es Spaß macht! Stell dir vor, ihr diskutiert ein Businessthema. Eine künstliche Intelligenz hört zu und fasst das Ganze simultan in einer Visualisierung zusammen. Auch diese Visualisierung würde sicherlich die Diskussion beleben. Geht es uns als Visualisierern dann nicht wie 1997 dem Schachweltmeister, der unter Turnierbedingungen von einem Computer geschlagen wurde? Statt eines Großcomputers wie damals schafft das heute eine Handy-App. Inzwischen macht die KI sogar beim Pokern, einem Spiel mit komplexen strategischen Entscheidungen in einem unvollständigen Informationsfeld, bahnbrechende Fortschritte. **Deshalb trainierst du mit diesem Buch vor allem das, was die KI nicht kann:** intuitives Ausdrücken von Gefühlen und Befinden; sich berühren zu lassen und andere berührend bewegen; vielschichtiges Kontextverständnis; durch persönliche schöpferische Kreativität präsent zu sein. Diese Fähigkeiten unterscheiden dich von der KI beim Inhalt-bildhaft-auf-den-Punkt-Bringen. Wer clever handmade visualisiert, bringt sich als einzigartige Persönlichkeit mit Beziehungen, Erfahrungen, Werten und Emotionen ein. Und das selbst bei Internet- und Stromausfall.

Unplugged = ausgestöpselt

Du machst dich mit diesem Workbook auch fit für den Live-Auftritt als Visualisierer. Ja, denn es geht um deinen bewegenden visuellen Auftritt – vor und mit Menschen. Denke an Musiker: Mit einem Live-unplugged-Auftritt faszinieren sie Menschen oft mehr als mit der technisch optimierten und perfekten Studioaufnahme.

Gerade das Unperfekte, dein persönlicher Visualisierungsstil als Spiegel deiner Art zu denken, zu fühlen und zu kommunizieren macht den Reiz von Handmade-Visualisierungen aus. Damit erzielst du Resonanz und Interaktion – nicht mit vermeintlicher Perfektion und in Konkurrenz zur KI. Gerade in Live-Business-Situationen. Sei entspannt, wenn du den Stift in die Hand nimmst: **Beim Zeichenstrich gibt es kein Richtig und Falsch!**

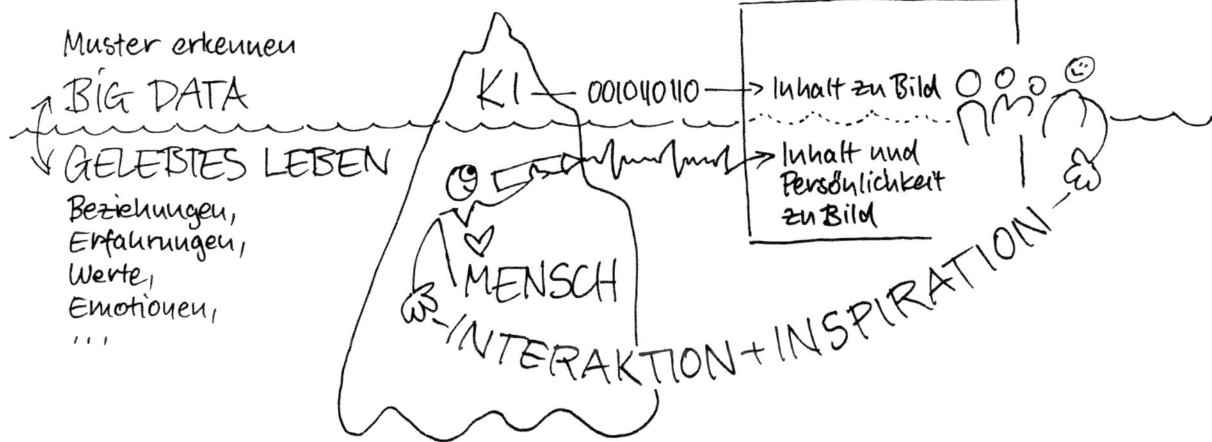

Ja, ich weiß, das Unperfekte zu zeigen, fällt schwer. Jedem, auch mir. Doch nur Mut: Visualisierung ist kein Beeindrucken mit Ästhetik, sondern ein spontaner Gedanken- und Ideen-Booster für dich und andere mit Mehrwert. Auch das unterscheidet dieses Buch von anderen: Alle Visualisierungen am Anfang des Buches sind ad hoc ohne Vorzeichnung skizziert – mit dem gleichen Material, welches auch du zur Verfügung hast. Es simuliert damit das Live-Sketchen, die analoge oder digitale visuelle Interaktion mit dem Stift auf Besprechungsblock, Flipchart, Whiteboard und Tablet.

Habe Mut zu unplugged Quick-and-dirty-Sketching! Bring deine wachsenden Visualisierungsskills von Anfang an auf die Straße, deinen wichtigsten Trainingsplatz. Hier bleibst du der KI überlegen. Nutze aber künstliche Intelligenz als immer leistungsfähigeres Werkzeug rund um das Visualisieren und das visuelle Storytelling: als Super-Inspirationsquelle, bei der Recherche, als Buddy für repetitive Aufgaben oder für die Analyse und Auswertung von (zu) vielen Informationen. So hast du mehr Zeit für Menschlich-Schöpferisches, für den Austausch mit anderen, das Mitmenschliche.

Lass uns auf Augenhöhe trainieren

Das Training beginnt! Auf dem Sportplatz sagt man »Pass auf« und nicht »Passen Sie bitte auf, der Stürmer bricht gleich auf der rechten Seite durch. Rennen Sie bitte schneller!« So gewinnt man kein Spiel und die Emotion bleibt auf der Strecke. Visualisieren lernen ist in diesem Workbook spielerischer Ernst – das Gegenteil von Von-oben-herab-Belehren. Deshalb sind wir jetzt beim Arbeits-Du, genau wie im Präsenz- oder Online-Workshop. **Denn das zeichnet Visualisieren aus: direkte Kommunikation auf Augenhöhe mit Respekt** – auch und gerade bei unterschiedlicher Meinung, Rolle, Sprache, Geschlecht und Kultur.

iPad-Sketch

Habe Mut zum Schmunzelfaktor

Eine Frage: Hast du als Kind auch gerne auf Fotos herumgekritzelt? Zum Beispiel auf dem Titelbild einer Illustrierten einen Zahn entfernt, einen Bart wachsen lassen oder ein Gesicht mit verwegenen Narben verändert? Wir hatten mit auf diese Weise verschönten Promis unseren Spaß. Lachen, Schmunzeln, auch über sich selbst – das schafft Augenhöhe und bringt Menschen zusammen. Wer es wissenschaftlicher mag: Sympathie und gute Laune erhöhen durch ausgeschüttete Botenstoffe die Aufnahmefähigkeit und bauen zugleich Stress ab. Mach dir das zunutze, gerade bei ernsten Themen. Vertraue auf den Wert des Schmunzelfaktors.

Dazu eine Anekdote: Ein Teilnehmer einer Besprechung, der zum ersten Mal den Stift in der Hand hatte, skizzierte für seine Argumente ein Wohnmobil als Metapher für flexiblere Arbeitsplätze. Seine schnelle Skizze eines Wohnmobils mit Alkoven hätten zufällig Hereinkommende als Hai identifiziert. Hai, Tauchen und Meer hätten ja durchaus zum Diskussionsthema gepasst. Aber durch das Gesagte des Teilnehmers war allen im Raum klar, worum es ging. Man kann es nicht genug betonen: **Wenn eine Visualisierung im Kontext verstanden wird, ist sie eindeutig und perfekt!** Dazu kam: Sein Storytelling rund um die visuelle Präsentation war brillant. Dieses Symbol, dieses vermeintlich missglückte Fahrzeug, wurde zum MERKwürdigsten Gedächtnisanker des Tages und auf den Flipcharts. Es brachte zum Nachdenken und Schmunzeln. Das trug dazu bei, dass seine Argumente immer wieder aufgenommen wurden – und sich schließlich durchgesetzt haben. Das ist ein konkretes Beispiel für eine Visualisierung als Hard Skill für messbare Ergebnisse. Warum ich diese Anekdote erwähne? Auch ich erinnere mich noch an den Wohnmobil-Hai und, viel wichtiger, an die Argumentation. Der Gedächtnisanker sitzt Jahre später noch bombenfest.

Du lernst aus dieser Anekdote: Erstens, man muss (noch) kein guter Zeichner sein. Zweitens, es darf etwas schiefgehen beim Sketchen, wenn darunter die Klarheit der Aussage nicht leidet. Drittens, das skurrile, vermeintlich misslungene Symbol hat oft mehr Wirkung als das auswendig Gelernte. Viertens, der Teilnehmer wurde durch das Schmunzeln menschlich nahbar und sympathisch. Passen Kompetenz und Schmunzeln zusammen? Ja! Schmälert Augenhöhe Autorität? Nein! Und da Humorarten, genauso wie Geschmäcker, verschieden sind: Einfühlungsvermögen hilft auch in Humorfragen.

Mach's dir einfach – kommentiere, verändere, ergänze

Würze vorhandene Vorlagen! Skizzen auf PowerPoint-Slides, auf Drucksachen oder Fotos erhöhen die Aufmerksamkeit und verändern oder verstärken die Aussagen. Du kannst das sofort in die Praxis umsetzen. Besonders wirksam ist das simultane Live-Ergänzen. Lass dich von der Wirkung auf andere überraschen. Du kannst auch selber thematisch passende Fotos machen und dann hineinskizzieren. Ganz einfach wird das, wenn wir auf dem Tablet visualisieren (siehe Impuls 14). Noch ein Vorteil, wenn du eigene Fotos verwendest: Du vermeidest Urheberrechtsprobleme – vorausgesetzt, eventuell abgebildete Personen sind einverstanden.

Übung 2: Durchforste deine Handy-Fotos. Welches könnte zum Thema Nähe und Distanz passen? Überlege, was du in die vier folgenden Fotos hineinskizzieren könntest, um die Bildaussage noch weiter zu verstärken.

Übung 3: Hier findest du vier Abbildungen. Selbst wenn eine überhaupt nichts mit Nähe und Distanz zu tun hat, kann sie durch deine Ergänzung passend zum Thema werden. Kommentiere, nutze Sprech- und Gedankenblasen. Lass es mit einfachen Strichen regnen, blitzen. Lass die Sonne scheinen oder Herzen pochen. Überlege, wer am Ende der Leine ist. Spiel mit deiner Fantasie, erinnere dich an Comiczeiten und skizziere direkt in dieses Buch.

Eine Perle ist die Problemlösung der Muschel auf ein Problem – und sie ist schön!

schon, recht viele Worte sind nötig, um dieses Konzept zu erklären. Doch schon ein Blick auf die nebenstehende Visualisierung genügt und Sie verstehen, um was es geht. Damit sind wir schon bei einem wesentlichen Prinzip der Visualisierung:

Visualisierung ist niemals Selbstzweck – die Qualität einer Visualisierung misst sich an der Wirkung, nicht an der Ästhetik!

Wie schon gesagt: Visualisieren heißt nicht, Inhalte optisch aufzuhübschen oder sich als toller Hecht in einer Präsentation zu profilieren. Gelungene Visua-

03: KONFUZIUS und Kinderzimmer

Verstehen, erinnern, erklären

Konfuzius wird der Spruch zugeschrieben: »Ich höre und ich vergesse. Ich sehe und ich erinnere mich. Ich tue und ich verstehe.« Diese zweitausendfünfhundert Jahre alte Weisheit könnte direkt für diesen Impuls und als Plädoyer für cleveres Visualisieren geschrieben worden sein.

Oft gehen Informationen zum einem Ohr hinein und zum anderen wieder hinaus. Gelingt es dir dagegen, diese Informationen als Bild zu verankern, bleiben sie im Gedächtnis. Noch besser: Wenn du diese Bilder durch praktisches Tun, durch Zum-Stift-Greifen sichtbar machst, wirst du diese Informationen BeGREIFEN. Das hilft beim Lernen und Erklären. Je mehr ich über die VorBILDung, das ErinnerungsARCHIV und das HERZ weiß, umso besser. Übrigens: Noch besser als nur **ein Bild wirkt eine Bildergeschichte.** Denn Geschichten kann sich unser Gehirn noch viel besser merken. Geschichten sind der Türöffner selbst für trockene Zahlen, Daten, Fakten. Gedächtniskünstler mit ihren unglaublichen Fähigkeiten üben gezielt, blitzschnell Bildergeschichten zu erfinden. Je skurriler, je merkwürdiger, je origineller diese Bilder und Geschichten sind, desto besser funktionieren sie als Gedächtnisanker. Diese Konfuzius-Sketchnote verdeutlicht diese Zusammenhänge. Im Workshop wäre sie Stück für Stück vor deinen Augen entstanden. Durch das Strich-für-Strich-Entstehen und -Beschriften hätte sie zu keinem Zeitpunkt zu komplex gewirkt. Die fertige Sketchnote wirkt dagegen wie ein Lernplakat.

Übung 4: Schau dir diese Konfuzius-Visualisierung zwei Minuten genau an. Präge dir Größenverhältnisse, die Position der einzelnen Elemente und die Schreibweise der Worte ein. Dann zeichne sie aus dem Gedächtnis möglichst genau nach. Wenn du fertig bist, vergleiche beide. Welche Unterschiede gibt es, welche Elemente fehlen? Vielleicht hast du auch etwas dazuerfunden. Gut so, wenn es deinem Verständnis hilft. Bring stets dein Wissen, dein Erinnerungsarchiv in deine Sketchnotes mit ein.

Kugelschreiber und Bleistift – eine Kombination, die fast immer zur Verfügung steht.

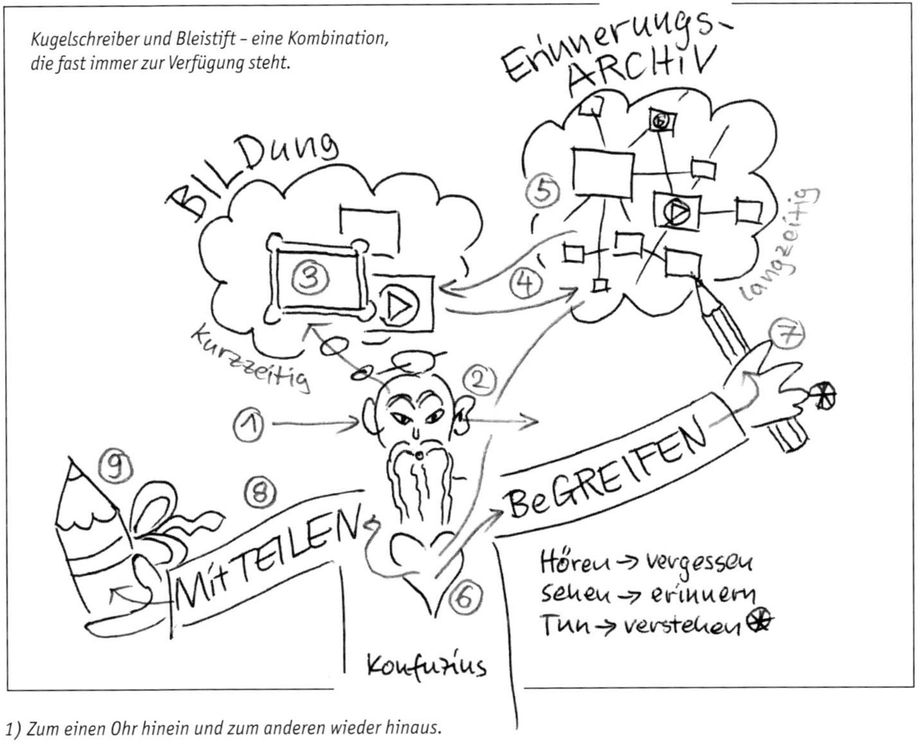

Erinnerungs-ARCHIV

BILDung

Kurzzeitig

Langzeitig

MitTEILEN

BeGREIFEN

Hören → vergessen
sehen → erinnern
Tun → verstehen

Konfuzius

1) Zum einen Ohr hinein und zum anderen wieder hinaus.

2) Mach's einfach – es muss kein differenziertes Ohr sein, ein Halbkreis reicht.

3) Aus dem Gehörten wird ein Bild: Noch besser wirkt eine Bildergeschichte – Kopfkino. Das geschieht im Kurzzeitgedächtnis.

4) Wir gleichen unsere Bilder mit den schon vorhandenen im Erinnerungsarchiv ab.

5) Unsere Erinnerungen sind vernetzt – manche stark, andere schwach. Das geschieht im (episodischen) Langzeitgedächtnis.

6) Wir laden vor dem Visualisieren unsere Bilder emotional auf.

7) Wir festigen unsere Erinnerungen durch Tun, durch BeBREIFEN. Eine Hand als »Hahnenkamm« reicht völlig.

8) Oder wir teilen unsere Bilder mit anderen. Übrigens: Arme dürfen unterschiedlich lang und dick sein.

9) Visuelles Mitteilen ist ein Geschenk für besseres Verständnis.

Sketchnoten ist einprägsames Storytelling!

Wenn eine Sketchnote Strich für Strich entsteht, erzählt sie eine visuelle Story. Und jede Story festigt sich beim erneuten Erzählen und Hören. **Je öfter du diese Konfuzius-Sketchnote skizzierst, umso besser wirst du sie dir einprägen können.** Dir wird auffallen, dass diese Sketchnote jedes Mal etwas anders aussieht. Sketchnotes leben wie jede lebendige Geschichte davon, dass sie je nach Stimmung, Situation, je nachdem, wer dabei ist, angepasst werden. Auch etwas dramatische Ausschmückung gehört dazu.

Mach deine Erinnerungen sichtbar

Manche Erinnerungen prägen sich von selbst ein. Anderen muss man nachhelfen. »Es liegt mir auf der Zunge!« Wahrscheinlich kennst du Professor Dumbledore, den Schulleiter von Hogwarts, aus »Harry Potter«? Kennst du auch sein Denkarium, um Erinnerungen sichtbar zu machen? Nutze deinen Stift als deinen Zauberstab, um an deinen Erinnerungsfäden zu ziehen. Je öfter du das übst, umso besser wird dein Gedächtnis werden.

Übung 5: Skizziere aus dem Gedächtnis den Grundriss deines Kinderzimmers. Wo waren Tür, Schrank, Tisch, Bett und Fenster? Wo lag das, was dir wichtig war? Erinnerst du dich beim Skizzieren an Farben, an Gerüche, an warme oder kalte Ecken im Zimmer? Falls eine unangenehme Erinnerung hochkommt, kappe den Faden.

Übrigens: Als Kind konntest du schon mal visuelles Storytelling. Jetzt über den Zeichenunterricht und die Folgen nachzudenken könnte spannend werden.

Sigi, viereinhalb Jahre: Sommergarten

←1 Meter →

Erinnerungen sichtbar machen

Nutze für den Kinderzimmergrundriss den Bleistift. Du kannst damit sehr hell vorskizzieren und, wenn du dir dann sicher bist, durch stärkeren Druck dunklere Linien erzeugen.

Das ist nicht nur praktisch, sondern wirkt lebendig und ästhetisch.

Besser Ton als Stummfilm, besser Botschaften mehrfach codieren

Wahrnehmungsvorgänge sind komplex – vor allem, wenn Kommunikation und Interaktion ins Spiel kommen. Folgendes vereinfachtes Modell zur Informationsverarbeitung wird dir auch beim Visualisieren helfen, mehr zu verstehen und besser verstanden zu werden.

Ein einzelnes Bild ohne Text bezeichnet man als einfach codiert, genauso wie einen reinen Vortrag. Es wird primär nur ein sogenannter Verarbeitungskanal angesprochen. Selbstverständlich kann auch etwas einfach Codiertes sehr eindrücklich sein, sodass man sich daran lebenslang erinnert. Aber mit jeder zusätzlichen Codierung steigt die Chance, dass man sich noch besser erinnern kann. Über die Ausnahme von dieser Regel gleich mehr.

Eine Sketchnote ist zweifach codiert. Text und Bild sprechen zwei unterschiedliche Verarbeitungskanäle an.

Eine Sketchnote, die entsteht, während man spricht, ist dreifach codiert – Text, Bild und Tonspur.

Noch eindrücklicher wirkt die Vierfach-Codierung. Hier kommt neben Text, Bild, gesprochener Sprache noch körperliche und geistige Aktivität mit ins Spiel. Biologisch gesehen werden bei äußerer und innerer Bewegung spezielle Botenstoffe ausgeschüttet. Diese Neurotransmitter helfen dabei, dass Informationen im Gehirn besser verknüpft werden. Das betrifft besonders das Langzeitgedächtnis, das Erinnerungsarchiv.

Zwei Beispiele für Bewegungserinnerung. Du kannst vielleicht eine Telefonnummer nicht aufsagen oder aufschreiben, aber aus dem motorischen Gedächtnis heraus richtig tippen. Oder denke an deine Unterschrift. Die klappt nur in einem bestimmten Tempo. Wenn du dabei zu viel nachdenkst und dir zuschaust, gelingt sie dir nicht.

Deshalb: **Der Goldstandard beim cleveren Visualisieren ist die vierfache Codierung.** Konkret: Alle sind in Interaktion mit Text, Bild, gesprochener Sprache und durch den Stift in der Hand in Bewegung. So nutzen alle ihre Fähigkeiten zur Informationsaufnahme und -verarbeitung optimal. Aber wie bei jedem Modell, gerade bei einem vereinfachten, solltest du Folgendes beachten:

Balance zwischen zu viel und zu wenig

»Von Salz und Witz ist zu wenig und zu viel nichts nütz.« So lautet ein deutsches Sprichwort. Weder zu viel noch zu wenig gilt grundsätzlich beim Visualisieren – entsprechend auch beim Codieren. Denn **zu viele gleichzeitige Reize und Codierungen können schnell überfordern.** Deshalb, vermeide Hetze: beim Sprechen, beim Sketchnoten, beim Anleiten, beim Auffordern. Deine ruhige, aber intensive Kommunikation beim Visualisieren wird als besonders wohltuend empfunden werden. Gerade in der heutigen, oft als hektisch empfundenen Zeit.

Deshalb: Fordere, aber überfordere nicht. Versetze dich in die Lage deiner Zielgruppe. Entwickle ein Gespür dafür, wann aus Intensität Übermaß wird. Praktisch heißt das: Du kannst dir beim Sketchen Zeit lassen.

Kommuniziere mit Menschen – nicht mit deiner Zeichenfläche!

Du musst nicht reden, während du visualisierst. So wirst du besser verstanden – dein Rücken hat keine Mimik, keinen Mund, keine Ohren. So bringst du automatisch Ruhe ins Spiel. Meist ist es sogar spannender, wenn die Zuhörer ein wenig miträtseln können, was beim Live-Sketchen entsteht. Die Mehrfach-Codierung muss und soll nicht gleichzeitig erfolgen.

Wenn du dann wieder sprichst, konzentriere dich auf deine Gegenüber und erkläre, was du gerade gezeichnet hast. Nimm wahr, was die Visualisierung auslöst, und gehe darauf ein. Wenn es passt: Integriere die Gedanken der Teilnehmenden in deine Visualisierung. Dazu ist es notwendig, Platz für Ergänzungen vorzusehen.

Einen Impuls zu geben, um zum Selbst-Tun zu inspirieren und dann die Ergebnisse gemeinsam zu reflektieren, kennst du vielleicht von anderen Workshop-Methoden wie Lego Serious Play oder von der Gruppenarbeit mit der Metaplanmethode.

04: FANTASIE statt Floskel

Mehr Fantasie tut gut und not

Fantasie kommt vom griechischen »phantasia« gleich Vorstellungskraft, Erscheinung, Einbildung. In der einen Übung hast du schon mit deiner Vorstellungskraft gespielt. Du konntest dich durch deine Vorstellungskraft noch an dein Kinderzimmer erinnern. Du wirst in diesem Impuls deine Vorstellungskraft und zugleich deine Fantasie trainieren. Ich behaupte: Mehr Fantasie tut gut: beim Visualisieren und beim Finden von Lösungen.

Von Natur aus sind Menschen, genauso wie Tiere, neugierig und lernbereit: Durch ernstes Spiel und spielerischen Ernst entwickeln wir unsere Fähigkeiten. Vom jüngsten Kindesalter an. Ganz ohne Lehrplan, dafür mit viel Fantasie. Nötig dazu: Freiheit! Denk zurück: Die Fantasie machte aus dem Brett im Baum den Mastkorb eines Piratenschiffes, den Stock zum Schwert, einen Stein zum Schatz, den Waschlappen mit aufgesticktem Mund und Augen zu unserem kuschligen Freund. Erinnere dich an das Wohnmobil – unsere Fantasie braucht nicht viel. Sogar ganz im Gegenteil. Zu viel Perfektion und Fertiges ersticken die Fantasie. Dazu gibt es sogar ein psychologisches Gesetz, den Zeigarnik-Effekt. Er beschreibt, dass man über Unfertiges viel nachdenkt, über Abgeschlossenes dagegen wenig. Deshalb: Eine Visualisierung wirkt als entwicklungsfähiger Same oder Keimling stärker als ein fertiges, perfektes Bild.

Was sagt die Psychologie über die Wirkung der Fantasie auf Menschen? Die Kurzfassung: **Fantasie macht empathischer, kreativer, glücklicher, entspannter. Sie bringt uns auf neue Lösungswege, um Probleme anzupacken.** Gibt es zu viel Fantasie? Wann wird aus einer Vision ein Hirngespinst, aus Kreativität Wahnsinn? Nur dann, wenn wir den Realitätssinn verlieren und entsprechend ideologisch handeln. Aber gerade Visualisieren kann Luftschlösser sichtbar machen und so deren Schönheitsfehler aufdecken. Bringe Fantasie und Realismus, Intuition und Intellekt zusammen.

Fantasie und Empathie: Wer sich mit seiner Fantasie in andere Menschen, Kulturen und Situationen hineinversetzen kann, ist klar im Vorteil.

Fantasie und Kreativität: Sich (heute noch) Unvorstellbares vorstellen zu können, weckt den Erfindungsgeist. Gerade Innovation braucht Fantasie. Science-Fiction-Literatur ist im Nachhinein oft näher an der Realität der Zukunft als statistische Hochrechnungen.

Fantasie und Glück: Probleme gehören zum Leben. Mit unserer Fantasie können wir unsere Gedanken fliegen und Negatives für eine Weile hinter uns lassen. Sich Schönes ausmalen zu können, kann unserem Leben eine positive Richtung geben. Ein positives Hin-zu-Bild motiviert oft besser als das negative Weg-von.

Fantasie und Entspannung: Die kleinen Fluchten in Fantasiewelten senken den Stresspegel unmittelbar. Sie durchbrechen die Spirale des Grübelns und des Stresses. Weder das Grübeln noch die Flucht ins Angenehme lösen Probleme – aber durch Entspannung gewinnt man nötige Energie, um Schwieriges anzupacken.

Fantasie und Problemlösen: Das hat viel mit dem Punkt Kreativität zu tun. Aber es kommt noch etwas dazu. Zum Lösen der meisten Probleme braucht es Mitmacher und Anpacker. Wer es schafft, andere für seine visionären Ziele zu begeistern, löst die kleinen und größeren Herausforderungen leichter. Etwas abgeändert kann das bekannte Zitat von Saint-Exupéry lauten: *»Wenn Du ein Schiff bauen willst, dann trommle nicht ein Team zusammen, um Holz zu beschaffen, Aufgaben zu vergeben und die Arbeit einzuteilen, sondern visualisiere gemeinsam ein eindrückliches Bild, wie es gelingen kann, aufs weite, endlose Meer zu fahren.«*

Mach deine Visualisierungen fantastisch

1) Mache es größer oder kleiner als in der Realität. Vergrößere, was wichtig ist, verkleinere Unwichtiges. Visualisierst du »Anpacken«, mach die Hand riesengroß, geht es um eine gehobene Augenbraue, zeige nur das Gesicht und betone die Braue. Vielleicht braucht es dann sogar gar keinen Körper oder nur einen winzigen. Fokussiere dich auf das, was die Essenz deiner visuellen Geschichte ist.

2) Setze es in ein anderes Umfeld. Auch hier hast du es in der Visualisierung einfach. Lass Kühe fliegen und Fische am Buffet sitzen, wenn es dem Thema dient.

3) Übertreibe, dramatisiere. Wenn jemand aus Freude einen Luftsprung macht, sketche diesen Sprung haushoch. Eine Schwierigkeit drückt tief in den Boden.

4) Lass Unmögliches zu. Mache Dinge bewusst falsch, um so andere auf den neuen Gedanken zu bringen. Gib Menschen Flügel, stell ein Windrad auf den Mond oder lass einen Goldesel auf der Regierungsbank sitzen. Jede Vision ist in der Visualisierung Realität.

5) Gutes Visualisieren ist gutes Storytelling. Visualisiere Helden und Verlierer, dramatisiere Gutes und Schlechtes. Setze deine visuellen Akteure in ein ungewöhnliches, spannendes Umfeld. Visuelles Storytelling ist elementar – und verdient den Impuls 19.

Übrigens: Solche MERKwürdigen, fantastischen Bilder findet man weder als Clipart noch als Foto – das Verzerren der Realität ist zeichnerisch dagegen einfach.

Übung 6: Du kannst sicherlich ein Haus skizzieren: ein Rechteck mit Dreieck obendrauf, dann noch Tür, Fenster und Kamin. Auch Baum, Wiese, Zaun, Gras, Leiter, Wolken und Vögel zu skizzieren ist nicht schwer. Und Strichfiguren gelingen dir auch! Oder?

Schau auf die Abbildungen rechts: Ergänze sie durch deine weiteren fantastischen Szenarien. Lass dich dabei von den fünf Punkten, die du gerade gelesen hast, inspirieren. Verwende für deine fantastischen Ideen nur die visuellen Elemente von oben. Ein Tipp: Erst vorstellen, dann sketchen.

Visuelle Floskeln vermeiden

Floskel kommt vom lateinischen »flosculus« und heißt »Blümchen«. Die Redensart, »etwas durch die Blume sagen«, hat dort seine Wurzeln. Ich finde, eine hervorragende Bewertung der Floskel kommt vom Wirtschaftswissenschaftler Hans-Otto Schenk. Er schreibt in seinem Buch »Papageien-Deutsch«: »Dabei macht jede Floskel für sich noch kein schlechtes Deutsch aus. Allein ihr unablässiger, zwanghafter und unbewusster Gebrauch weist ihre Verwender als Menschen aus, die sich kaum, nicht hinreichend oder gar nicht mehr der Mühe sorgfältiger und präziser Formulierung unterziehen.«

Jetzt überlege, was das übertragen auf deine Visualisierungen bedeutet. **Das blümchenhafte Aufhübschen durch auswendig gelernte schablonenhafte visuelle Elemente ist weder kreativ noch eindrücklich.** Wer kennt nicht die Flipcharts mit den immer gleichen floskelhaften Glühlämpchengedankenblitzen und den allzu bekannten 3-D-Wimpelüberschriften? Kein Wunder, alle haben aus den gleichen Büchern gelernt.

Ein Kugelschreiber schmiert nicht und kann zarte und dünne Linien. Es lohnt sich, ihn öfter zum Visualisieren zu nutzen.

Natürlich versteht jeder das Symbol Glühlampe für eine Idee. Aber ist die Glühlampe außer einem Hingucker (Visualisierungen fallen in einer reinen Textumgebung immer auf) merkWÜRDIG genug, um als dauerhafter Gedächtnisanker zu funktionieren? Nein! Denke deshalb um die Ecke, denke fantastischer. Wie einfach das geht, hast du gerade geübt.

Warum nicht mal eine Stirnlampe als Symbol für eine gute Idee aufleuchten lassen? Oder was anderes. Und deine Stirnlampe muss nicht aussehen wie die eines anderen. Sketche dein persönliches Ding: Drehe die Stirnlampe um – und **die Erleuchtung scheint direkt ins Hirn!**

Übung 7: Finde zwei oder drei weitere Stirnlampen-Erleuchtungsideen. Lass dich von den Beispielen anregen. Deine Stirnlampen müssen nicht realistisch-funktionell sein. Im Gegenteil! Es ist eine bekannte Kreativitätstechnik: Bewusstes Falsch-Machen schärft das Bewusstsein für das Richtige, das Funktionierende.

05: Rauf auf die ZEichN©-Bühne

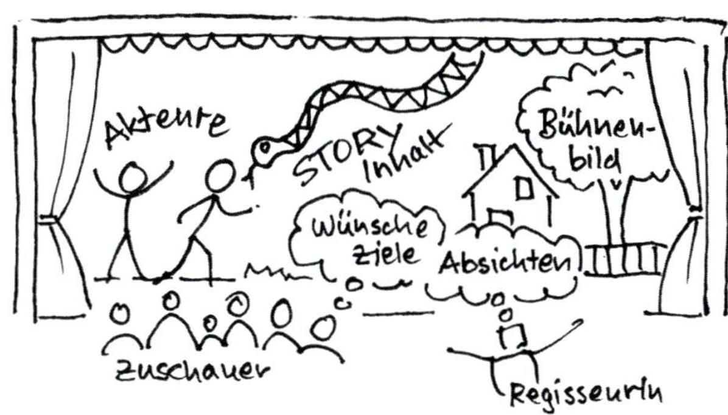

Einzelne visuelle Elemente sketchen vs. visuelles Storytelling

Du hast dich in den ersten Impulsen schon etwas warmskizziert. Lass die Abbildungen im Buch nochmals Revue passieren: Es gab dort sowohl einfache Skizzen, wie die Rakete, als auch schon etwas komplexere Sketchnotes, wie die Gegenüberstellung von Mensch und KI. **Je komplexer das Thema, die Gedanken sind, umso wichtiger wird visuelles Storytelling, damit wir besser erklären und verstehen können.** In diesem Zusammenhang ein wichtiger Gedanke: Um komplexe Probleme zu lösen, darf nicht unterkomplex gedacht werden. Entsprechend dürfen und müssen manche Sketchnotes komplexer, detailreicher sein – bei aller Vereinfachung.

Jetzt gebe ich dir mit der Metapher der ZEichN©-Bühne den ersten Tipp, wie dir visuelles Storytelling besser gelingt: **Betrachte als Visualisierer jede Zeichenfläche als deine Bühne für eine spannende Story.**

Deine ZEichN©-Bühne ist mit einer Theater- beziehungsweise Showbühne vergleichbar. Denke beim Visualisieren deshalb, wie der Regisseur einer Bühnenshow, an bestimmte Erfolgsfaktoren: an Inhaltliches, an alle Beteiligten, an Organisatorisches, an Dramaturgie. Damit deine Zeichenshow ankommt, deine Sketchnote spannend und verständlich ist, achte konkret auf folgende vier Faktoren:

Dein Visualisierungsstück lebt von einer fesselnden Handlung. Der Titel, die Überschrift, steht für die Quintessenz des Themas. Weitere Schlagworte helfen zum besseren Verständnis.

Denke an dein Publikum, die Betrachter deiner Sketchnote und alle weiteren Beteiligten, wie zum Beispiel eventuelle Auftraggeber. Was wissen sie über das Thema, welchen Nutzen wünschen sie sich? Und bedenke, welche Ressourcen dir zur Verfügung stehen, wie die Raumsituation ist und wie viel Zeit du für das Thema hast.

Das Layout, die Gestaltung des (Bühnen-) Bildes muss die Handlung widerspiegeln. Der angesehene Dramatiker Anton Pawlowitsch Tschechow drückte es so aus: »Wenn ein Gewehr im ersten Akt auf der Bühne hängt, muss damit auch später geschossen werden.« Das Layout deiner Sketchnote sollte den perfekten Rahmen für die Handlung schaffen. Das Layout, die Struktur muss dem Thema entsprechen.

Betrachte alle visuellen Elemente als deine Schauspieler, deine Akteure. Sie müssen sich ins Herz der Betrachter spielen. Hilfreich für visuelles Storytelling ist die Darstellung von Beziehungen, Dialogen und Emotionen. Dafür interessieren sich Menschen im Theater genauso wie auf deiner ZEichN©-Bühne.

Diese vier Aspekte werden ab Seite 61 im Impuls 4-Quadranten-Methode ZEichN© weiter vertieft. Hier bekommst du auch eine Erklärung für die besondere Schreibweise ZEichN© im Wort ZEichN©-Bühne. Vielleicht bringt dich das Wortbild aber schon jetzt auf eine Idee?

Eine Workshop-Story: Eine Teilnehmerin war schon eine leidenschaftliche Visualisiererin. Sie hatte mehr Sketchnotebücher gelesen als ich – und schon fleißig geübt. Beim Warm-up wurde sie von vielen anderen Teilnehmenden für ihr Zeichentalent bewundert. Dann folgte der Impuls zur ZEichN©-Bühne. Nach einigen Übungen dazu kam von ihr folgendes Statement: Ich hätte ja gar nicht so viel zeichnen üben müssen, eher gute Geschichten zu schreiben. Wie einfach das ist, eine fesselnde Geschichte zu entwickeln, erfährst du später ab Seite 100.

Übung 8: Sketche die Bühnenmetapher nach. Ergänze eine Sprechblase: Was könnte die Schlange sagen, um zum Visualisieren zu verführen?

06: Die 5×9-MATRIX-Methode

Alles sketchen können – ad hoc

Ja, durch Auswendiglernen kann man schnell seinen visuellen Wortschatz vergrößern. Wie die besagte Teilnehmerin von soeben. Das macht Spaß und Anleitungsbücher gibt es dafür genug. Ein Tipp: Auch Zeichenbücher für Kinder funktionieren genau so und kosten wenig. Aber Auswendiglernen reicht nicht aus.

Nehmen wir an, du hast fleißig geübt und beherrschst hundert visuelle Vokabeln. Das ist schon viel. Trotzdem wird dir für ein bestimmtes Thema genau das visuelle Element fehlen, welches deine Story unverwechselbar merkWÜRDIG machen würde. Glaube mir, das wird dir so gehen, selbst wenn du zweihundert visuelle Symbole beherrscht. Die 5×9-MATRIX-Methode ist dein Erste-Hilfe-Koffer in diesen Fällen. Damit kannst du jedes visuelle Element ad hoc sketchen. Die mit der 5×9-MATRIX entwickelten Symbole sind nicht so perfekt wie die Vorlagen aus den Sketchnote-Übungsbüchern – dafür aber garantiert eindrücklicher, origineller. Und verständlich sind sie ebenfalls. Und vergiss nicht: Die Symbole aus den Anleitungsübungsbüchern sind auch nicht ad hoc entstanden, sondern sie wurden entworfen und vorgezeichnet.

Mit der 5×9-MATRIX-Methode zapfst du dein deklaratives Gedächtnis an, um mit wenigen geometrischen Grundformen jedes Objekt, jeden Begriff sketchen zu können. In diesem Wissensgedächtnis sind alle Tatsachen und Ereignisse rund um Objekte und Begriffe gespeichert, die du wörtlich beschreiben kannst. Weißt du fünf konkrete Eigenschaften eines Objekts oder Begriffs, dann kannst du dieses/diesen verständlich sketchen.

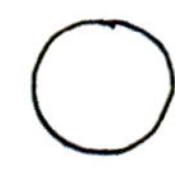

1 Objekt/ Begriff	2 Eigenschaften des Begriffs	3 geometrische Grundsymbole ○	4 □	5 △	6 ∼	7 ☁	8 Sketch	9 Schrift
WECKER	1 rund	√						W
	2 Zeiger				√			
	3 Einteilung				√			
	4 Schalen	√						
	5 Klöppel	√			√			

Ein Fakt am Rande: Die expliziten, geordneten, geregelten, klar erklärbaren Gedächtnisinhalte werden im Hippocampus, die bildhaften Gedächtnisinhalte dagegen in der Sehrinde, einem Teil der Großhirnrinde, gespeichert.

So skizzierst du etwas Konkretes

Alles, was eine sichtbare Form hat, was wir sinnlich wahrnehmen können, ist ein gegenständlich-natürliches Objekt. Genauso wie wir davon ein Foto machen können, können wir es auch visualisieren. Übrigens kannst du die 5×9-MATRIX als Vorlage downloaden.

Spalte 1: Hier schreibst du den Namen des Objekts hin, welches du mit dieser Methode darstellen möchtest.

Spalte 2: Nun notierst du fünf charakteristische Eigenschaften dieses Objekts. Oft reichen sogar drei. Beim Sketchen fallen dir automatisch weitere Details ein, wie die Füße beim Wecker. Vertraue darauf. Eine Giraffe hat einen sehr langen Hals und Flecken, manche Dinosaurier aber auch. Die gelbe Farbe wäre ein Unterschied, aber wir sind ja noch schwarz-weiß unterwegs. Denke an die Umgebung. Ein speiender Vulkan im Hintergrund macht dein Tier zum Saurier – ein Quastenschwanz und die Knubbelhörner machen es zur Giraffe. Die Giraffe hat dünne Strichbeine, der Langhalssaurier dagegen Säulenbeine und einen langen, muskulösen Schwanz als Gegengewicht.

Spalten 3,4,5,6,7: Jetzt überlege, welche der fünf geometrischen Grundformen passen, um die Objekteigenschaften darzustellen. Alle Grundformen können verzerrt, geteilt und transformiert werden.

Spalte 8: Nun kombinierst du aus diesen Symbolen dein Objekt. Es sieht gleich besser aus, wenn du die Überschneidungslinien der Symbole beim Sketchen weglässt. Und Schwung beim Zeichnen macht alles noch etwas gefälliger, runder. Dieser Schwung kommt mit der Übung.

Spalte 9: Wenn es dennoch zu schwierig ist, das gesketchte Objekt zu erkennen, nimm das visuelle Element Schrift dazu. Selbst ein einzelnes »G« würde dein Tier schon zur Giraffe machen. Du weißt ja schon, deine Fantasie kann viel und ergänzt den Rest.

1 Objekt/ Begriff	2 Eigenschaften des Begriffs	3 ○	4 □	5 △	6 ∼	7 ☁	8 Sketch (*) Alle Grundformen können transformiert werden	9 Schrift
SCHUBKARRE	1 Wanne		✓					–
	2 Griffe				✓			
	3 Rad	✓						
	4 Stütze			✓				
	5 Ladung	✓				✓		

1 Objekt/ Begriff	2 Eigenschaften des Begriffs	3 ○	4 □	5 △	6 ∼	7 ☁	8 Sketch *vieles ergibt sich; oder karikaturhafter	9 Schrift
GIRAFFE	1 langer Hals, lange Beine		✓		✓			–
	2 Flecken		✓	✓				
	3 »Knubbelhörner«	✓	✓					
	4 Quastenschwanz				✓			
	5 selbst zwei hätten genügt							

1 Objekt/ Begriff	2 Eigenschaften des Begriffs	3 ○	4 □	5 △	6 ∼	7 ☁	8 Sketch Bronto	9 Schrift
Bronto-SAURIER	1 schlangenartiger langer Hals				✓			Bronto
	2 säulenartige Beine		✓					
	3 langer Schwanz wie Hals	✓						
	4 Vulkan, Komet	✓		✓	✓	✓		
	5 steht im Sumpf	✓			✓			

1 Objekt/ Begriff		2 Eigenschaften des Begriffs	3–7 geometrische Grundsymbole					8 Sketch	9 Schrift
			○	□	△	〜	☁		
GROßER HUND	1								
	2								
	3								
	4								
	5								

1 Objekt/ Begriff		2 Eigenschaften des Begriffs	3–7 geometrische Grundsymbole					8 Sketch	9 Schrift
			○	□	△	〜	☁		
GELDKOFFER	1								
	2								
	3								
	4								
	5								

Übung 9: Skizziere mit der MATRIX-Methode einen großen, beeindruckenden Hund. Der Leinenhalter muss nicht mit abgebildet sein, nur die Leine.

Übung 10: Skizziere einen Geldkoffer. Überlege grundsätzlich, aus welcher Perspektivansicht ein Objekt am einfachsten zu sketchen ist. Von oben, von unten, von der linken oder rechten Seite? Mach dir diese Überlegungen zur Gewohnheit.

So skizzierst du etwas Abstraktes

Um Abstraktes sketchen zu können, gehst du einen Umweg. Du zeigst einfach, welche Wirkung der Begriff auf ein Subjekt oder Objekt haben kann.

Machen wir es deutlich am Begriff »Mut«. Wie sieht Mut aus? Können wir ein Foto von Mut machen? Nein. Aber wir können einen mutigen Menschen zeigen. An diesem Beispiel verstehst du gleich, wie konkret und präzise du die verschiedenen Formen von Mut darstellen kannst. Überlege, in welcher Situation man mutig sein kann:

Eine mögliche Metapher für Mut wäre zum Beispiel ein Kind (großer Kopf im Vergleich zum Körper), das einen großen Hund (viel größer als das Kind) streichelt. Sichtbare Zähne und Stehohren machen den Hund beeindruckender und die Geschichte dramatischer.

Zwei weitere alternative Mut-Metaphern: Ein Mensch, der sich mutig (kopfüber vom Felsen) in einen reißenden Fluss (zackige Wellen) stürzt, um einen Aktenkoffer mit Geld (Koffer mit Eurozeichen) zu retten. Oder zuletzt eine Frau (lange Haare als Klischee), die ein Kind aus dem Fluss rettet.

Du siehst: Wir können durch die unterschiedlichen Visualisierungsstorys den abstrakten, vielschichtigen Begriff »Mut« konkretisieren. Diese Beispiele zeigen ebenfalls: Hättest du nur das Symbol Springen-über-eine-tiefe-Schlucht als Mut-Metapher auswendig gelernt, würdest du floskelhaft, wenig originell visualisieren. Jemand Sprachgewandtes nutzt auch nicht immer nur »sprechen«. Je nach Situation nutzt er: *wispern, flöten, schreien, flüstern, raunen, knarzen, plaudern, rezitieren, auslassen.*

Visualisiere deshalb abstrakte Begriffe mit originell-unverbrauchten, eindrücklichen und MERKwürdigen visuellen Storys und Vokabeln. Das gelingt dir mit der 5×9-MATRIX-Methode.

Abstraktes lässt sich auch über deinen persönlichen Bezug, deine persönliche Story sehr gut darstellen.

Meine persönliche Geschichte zum Thema Mut: Ich hatte als kleiner Junge ziemliche Angst vor den damals häufig anzutreffenden Kreuzottern. Übrigens völlig friedlich und scheu auf einem schmalen Naturmauerweg am Waldrand. Erst als ich öfter einen viel jüngeren Freund auf diesem Weg nach Hause bringen musste, wurde ich mutiger. Das Motto zu diesem Mut könnte lauten:

Mutig werden, um mutiger dazustehen.

Denke daran, dass du es dir, genauso wie ich es mir, einfach machen kannst: Wenn ich diese Geschichte erzähle, reicht eine einzelne Schlange mit Zickzackmuster als visueller Gedächtnisanker. Nur wenn die Visualisierung möglichst selbsterklärend sein soll, quasi ohne Tonspur, braucht es mehr visuelle Details. Ein Beispiel dafür, dass das mit einem Strichmännchen und einer Gedankenblase geht, siehst du oben.

Übung 11: Schaue dich um. Reduziere die Gegenstände in deiner Vorstellung auf ihre geometrischen Grundformen. Dann skizziere sie vereinfacht nur aus diesen Grundformen zusammengebaut. Je mehr du die Form vereinfachst, umso einfacher und schneller wirst du sketchen. Eine weitere gute Übung ist es, Drucksachen mit diesen einfachen Grundsymbolen zu überzeichnen. So übst du, die komplexen Formen von Menschen und Gegenständen stark zu vereinfachen und auf das Wesentliche zu reduzieren.

07: TOOLbox für sketch4effects

Mach es dir einfach

Je besser dein Handwerkszeug ist, umso besser wird dein Ergebnis sein – und schneller bist du auch. Klar, zur Not schlägt man mit der Kneifzange einen Nagel ein, doch mit dem Hammer gelingt es besser. Auch mit halb leeren Stiften und abgenudelten Markern macht Visualisieren weniger Spaß und Sinn.

Jetzt ist ein guter Zeitpunkt, dir dein weiteres Material für dieses Workbook zu besorgen. Meine Empfehlung, weil ich dieses Material selbst gerne nutze: Equipment der Firma Neuland. Der Onlineshop *www.neuland.com* bietet alles, was es zum professionellen Visualisieren braucht. Die Neuland-Marker liegen besonders gut in der Hand und können nachgefüllt werden. Das vermeidet Müll. Inzwischen ist Neuland auch im Bereich anderer Stifte gut sortiert. Nun meine Empfehlung für ein Set, das optimal für die Übungen in diesem Workbook geeignet ist – sowohl für große als auch kleine (Papier-)Formate.

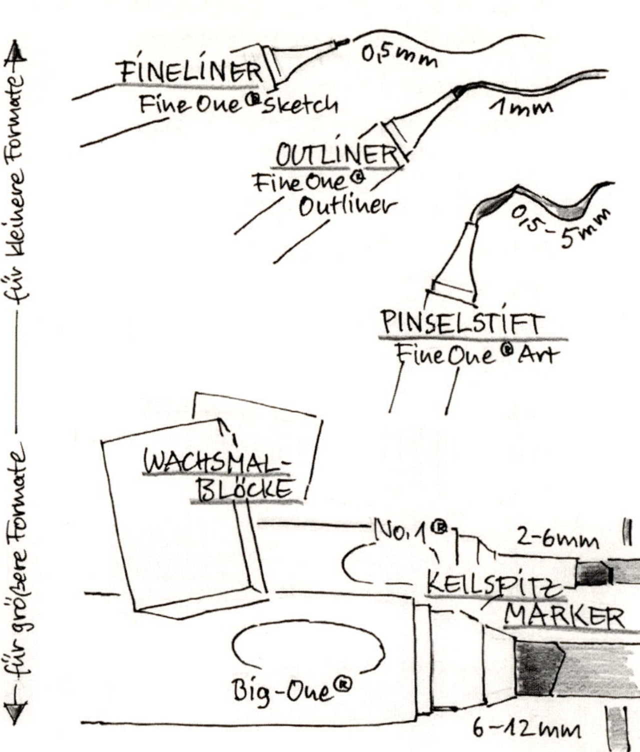

Dieses oder ähnliches Material benötigst du ab Impuls 8. Dieses Set kannst du unter dem Stichwort »sketch4effects« unter *www.neuland.com* bestellen. Du sparst dabei zehn Prozent und bekommst noch ein kleines Geschenk von Neuland dazu.

Je 1× Neuland FineOne® Sketch 0,5 mm
schwarz (mit wischfester Tinte), rot und grün

1× Neuland FineOne® Outliner 1 mm mit Rundspitze
schwarz (mit wischfester Tinte)

Je 1× Neuland FineOne® Art 0,5–5 mm
grau, orange u. pastellgrün

Je 1× Neuland No.One® 2–6 mm mit Keilspitze
schwarz, rot und grün

1× Neuland BigOne® Keilspitze 6–12 mm
grün

1× Stockmar Wachsmalblöcke
acht Farben

Weiterhin brauchst du zum Üben einen **Flipchart-block:** eine Seite weiß, eine kariert.

Dieser ist nicht Teil des Sets. Besorge ihn dir bitte selbst, das spart dir Portokosten.

Teste und experimentiere

Am Ende dieses Workbooks wirst du deine Vorlieben für bestimmte Materialien kennen. **Probiere trotzdem immer mal wieder Neues aus**, beispielsweise Pastellfarben zum Kolorieren. Das macht Spaß und erweitert deine Fähigkeiten und damit Möglichkeiten. Manchmal entsteht auch eine bestimmte Ästhetik, die einfach zu dir und einem Thema passt. Anschauungsmaterial findest du im Downloadbereich. Und schau dir Visualisierungen von anderen genau an. Google dazu Sketchnotes bzw. Graphic Recording. Das bringt dich auf Ideen.

Denke immer daran, Visualisieren ist Sprache und soll nicht zur Kunst werden. Wer zu material- und effektverliebt wird, vergisst: Dein Ziel ist visuelles Storytelling, um Menschen zu bewegen. Und das geht notfalls selbst mit dem Zeh in den Sand gekratzt. Genau so, wie ein zusammengeknülltes Papier zum spontanen Fußballmatch im Büro einlädt. Manchmal entstehen die wirkungsvollsten Visualisierungen nebenbei, mit Provisorien oder selbst mit einem völlig abgenudelten Marker – denn gut ausgestattet ist man leider nicht immer.

Visualisierungsstil und Material

Durch Experimentieren mit dem Material beeinflusst du Wirkung und Stil. Bewusst habe ich mich im Buch für den Stilmix entschieden. Deine Stilmittel sind:

Linienführung, Strichstärke: Großen Einfluss hat die Strichstärke und ob die Linien eher glatt oder unregelmäßig sind. Das hat viel mit deinem Zeichenschwung und deinen Mikrobewegungen zu tun.

Formen und Proportionen: Du kannst alle visuellen Elemente klar mit einer geschlossenen Outline darstellen oder bewusst Linien skizzenhaft unterbrechen.

Farbpalette: Die Auswahl und Verwendung von Farben ist ein starkes Stilmittel.

Textur, Beleuchtung, Perspektive, Komplexitätsgrad: Alle diese Dinge prägen den Ausdruck deiner Visualisierungen stark. Aber da wir es uns beim Visualisieren möglichst einfach machen, sind diese künstlerischen Stilmittel eher Würze und oft nicht nötig.

Pinselstift – sehr dünne und auch sehr dicke Linien sind möglich.

Marker mit Keilspitze und Kolorierung mit farbigen Wachsmalblöcken. Wie man damit am besten umgeht, findet ihr im Video im Downloadbereich.

iPad-Sketch mit einem Stift, der automatisch den Strich glättet.

Dünner Fineliner

08: StrichMANN und PowerFRAUen

Von Strichmännchen und Powerfrauen

Vielleicht findest du es, wie viele andere auch, recht schwierig, Menschen mit Ausdruck und in Bewegung zu skizzieren. Wenn ja, hast du nur bisher noch keine clevere Methode dazu gelernt. Denn wir erkennen in fast allem, was irgendwie aufrecht steht, einen Kopf und eine Anmutung von Armen und Beinen hat, einen Menschen. Unsere Assoziationsfähigkeit, unsere Fantasie macht es möglich. Genauso, wie wir in Wolken Figuren und Hündchen (Seite 22) erkennen. Übrigens: Menschen schnell zu erkennen ist ein Evolutionsvorteil und du bist ein Spross der überlegenen Sieger(innen). Beispiele für einfachste Männchen gefällig?

Wir fokussieren nun aufs Üben der Kasten-Normfigur. Warum? Diese Form ist fast so einfach wie die Strichmännchenform – nur der Oberkörperstrich wird zum Viereckkasten. So rutschen automatisch Schulter- und Hüftgelenke an den Platz, an den sie anatomisch auch hingehören. Und plötzlich gelingen dir ohne viel Aufwand realistischere und ausdrucksvollere Bewegungen. Nicht nur von vorn, sondern auch von der Seite und später sogar aus jeder Perspektive.

Ein weiterer Vorteil: Wenn du diese Figur verstanden hast, kannst du sie deiner Botschaft entsprechend variieren. Jedes der Elemente – Kopf, Arme, Hände, Oberkörper, Beine, Füße – kannst du vergrößern, verzerren oder weglassen, um das Wesentliche deiner Story zu betonen. Möchtest du etwa gesundes Bücken darstellen, macht es keinen Sinn, die Proportionen karikaturmäßig zu verändern. Bei kurzen Füßen und langen Armen fällt das Bücken leicht – dir geht es ja aber um Ergonomie-Realität. Möchtest du dagegen kraftvolles Zupacken sketchen, dann mache Arme und Hände stark und groß. Und wenn es um den dabei angestrengten Gesichtsausdruck geht: Mach den Kopf groß genug.

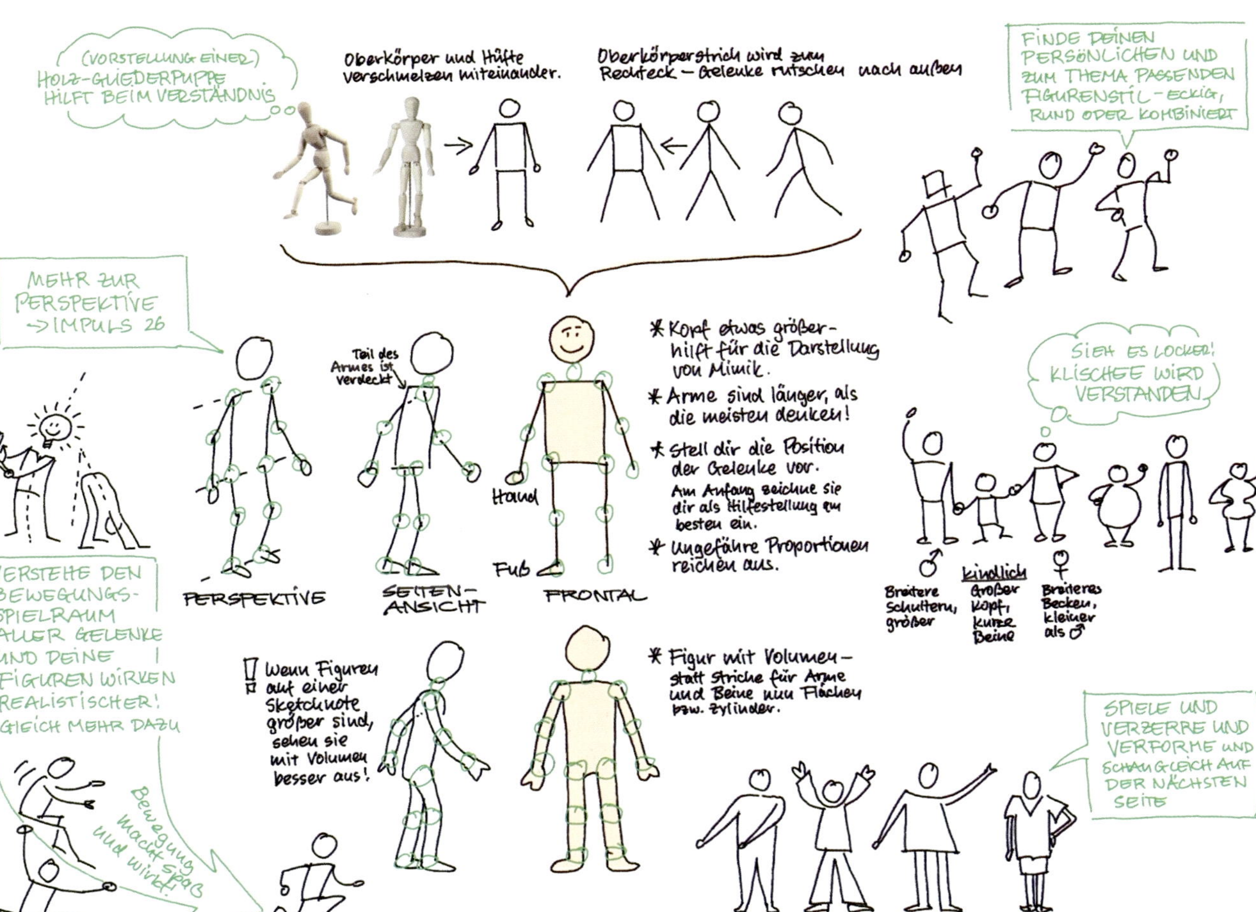

(VORSTELLUNG EINER) HOLZ-GLIEDERPUPPE HILFT BEIM VERSTÄNDNIS
Oberkörper und Hüfte verschmelzen miteinander.
Oberkörperstrich wird zum Rechteck – Gelenke rutschen nach außen
FINDE DEINEN PERSÖNLICHEN UND ZUM THEMA PASSENDEN FIGURENSTIL – ECKIG, RUND ODER KOMBINIERT
MEHR ZUR PERSPEKTIVE → IMPULS 26
Teil des Armes ist verdeckt
Hand
Fuß
PERSPEKTIVE
SEITEN-ANSICHT
FRONTAL
* Kopf etwas größer – hilft für die Darstellung von Mimik.
* Arme sind länger, als die meisten denken!
* Stell dir die Position der Gelenke vor. Am Anfang zeichne sie dir als Hilfestellung am besten ein.
* Ungefähre Proportionen reichen aus.
SIEH ES LOCKER! KLISCHEE WIRD VERSTANDEN
♂ Breitere Schultern, größer
kindlich Großer Kopf, kurze Beine
♀ Breiteres Becken, kleiner als ♂
VERSTEHE DEN BEWEGUNGS-SPIELRAUM ALLER GELENKE UND DEINE FIGUREN WIRKEN REALISTISCHER! GLEICH MEHR DAZU
Bewegung macht Spaß und wirkt!
!! Wenn Figuren auf einer Sketchnote größer sind, sehen sie mit Volumen besser aus!
* Figur mit Volumen – statt Striche für Arme und Beine nun Flächen bzw. Zylinder.
SPIELE UND VERZERRE UND VERFORME UND SCHAU GLEICH AUF DER NÄCHSTEN SEITE

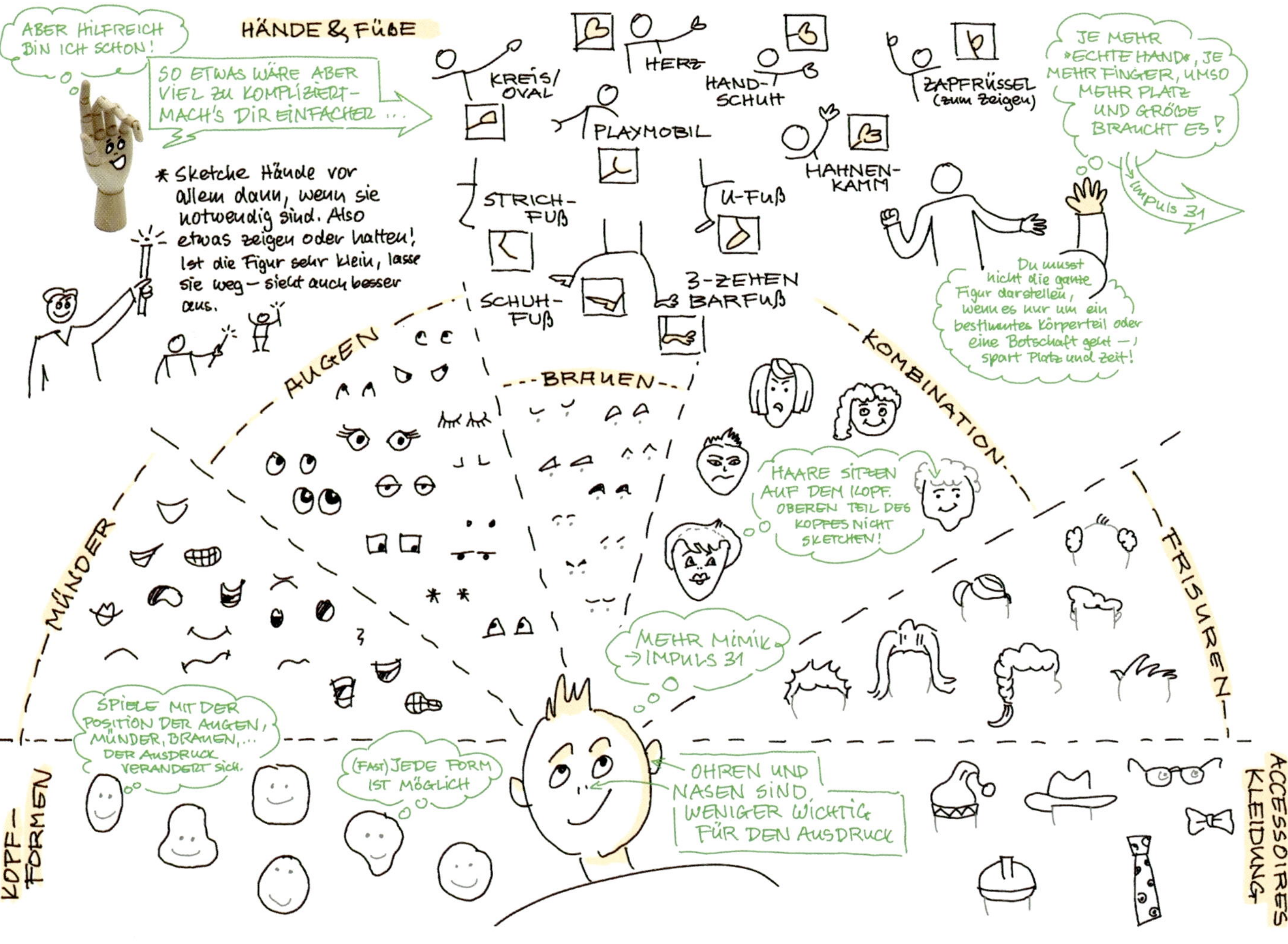
ABER HILFREICH BIN ICH SCHON!
HÄNDE & FÜßE
SO ETWAS WÄRE ABER VIEL ZU KOMPLIZIERT – MACH'S DIR EINFACHER ...
KREIS/OVAL
HERZ
HAND-SCHUH
ZAPFRÜSSEL (zum Zeigen)
PLAYMOBIL
HAHNEN-KAMM
JE MEHR »ECHTE HAND«, JE MEHR FINGER, UMSO MEHR PLATZ UND GRÖßE BRAUCHT ES!
IMPULS 31
* Sketche Hände vor allem dann, wenn sie notwendig sind. Also etwas zeigen oder halten! Ist die Figur sehr klein, lasse sie weg – sieht auch besser aus.
STRICH-FUß
U-FUß
SCHUH-FUß
3-ZEHEN BARFUß
Du musst nicht die ganze Figur darstellen, wenn es nur um ein bestimmtes Körperteil oder eine Botschaft geht – spart Platz und Zeit!
AUGEN
BRAUEN
KOMBINATION
HAARE SITZEN AUF DEM KOPF. OBEREN TEIL DES KOPFES NICHT SKETCHEN!
MÜNDER
FRISUREN
MEHR MIMIK → IMPULS 31
SPIELE MIT DER POSITION DER AUGEN, MÜNDER, BRAUEN, ... DER AUSDRUCK VERÄNDERT SICH.
(FAST) JEDE FORM IST MÖGLICH
OHREN UND NASEN SIND WENIGER WICHTIG FÜR DEN AUSDRUCK
KOPF-FORMEN
ACCESSOIRES KLEIDUNG

MACH DICH LOCKER BEIM KASTENZEICHNEN DANN WIRKEN DIE FIGUREN LEBENDIGER
DYNAMIK TUT GUT – BEWEGUNG IST EIN HINGUCKER
WEITERE INSPIRATION ZUM SITZEN, STEHEN, RENNEN ... IMPULS 31
NUTZE EFFEKTE FÜR NOCH MEHR AUSDRUCK
EFFEKTE
LIES COMICS
ACCESSOIRES KLEIDUNG

Trau dich – mach's klischeehaft

Visualisieren heißt sich festlegen, klischeehaft auf den Punkt bringen! Das gefällt nicht jedem. Aber du kannst und musst es nicht jedem recht machen. Visualisierung als Hard Skill für zielführende Ergebnisse muss manchmal sogar provozieren, um sich selbst zu hinterfragen. Das hilft bei der Lösungsfindung.

Deshalb hat der Standardmann breitere Schultern als die Standardfrau – und eine andere Frisur. Konfuzius hat Schlitzaugen sowie einen Bart und wir haben lange Nasen. Das wird als (Rollen-)Bild von allen verstanden. Ich vertraue deiner Intelligenz, dass du weißt, dass es sowohl kluge muskulöse Frauen mit kurzen Haaren als auch dumme schlaffe Männer mit langer Mähne auf dem Sofa gibt – und alle Varianten dazwischen. Manche finden schon ein konkretes Bild von etwas oder über etwas übergriffig. Besonders dann, wenn es die eigenen Ansichten dadurch provokant und konkret-bildhaft in Frage stellt. Schade, aber für diejenigen ist dann Visualisieren einfach nicht das passende Kommunikationstool.

Für alle anderen bietet gerade das Visualisieren eine Möglichkeit, mit Lockerheit, Leidenschaft und Respekt Dinge auszudrücken, die rein verbal vielleicht sogar unhöflich wären. Konträre Sichtweisen fair zur Diskussion zu stellen, ist gerade die Stärke der Visualisierung. Und wem bestimmte visuellen Vokabeln nicht gefallen, soll kreativ werden und seine eigenen finden.

Übung 12: »Figuren sketchen ist gut, mehr Figuren sketchen ist besser.« In Anlehnung an das Zitat des Malers Adolf Menzel heißt es für dich jetzt: üben. Kritzle am besten täglich Figuren. Achte auf die Proportionen und die Position der Gelenke. Sind deine Gliedmaßen ungefähr gleich lang und lang genug? Meistens sind sie es nicht. Noch ein Tipp, damit deine Sketches schnell besser werden: Fühle Bewegung. Werde selbst zu deinem Kastenmännchen. Stell dich dazu vor einen großen Spiegel. Werde dir bewusst, wie du dich bewegst, wo die Positionen deiner Gelenke sind, welche Winkel deine Gliedmaßen einnehmen und wie lang sie sind.

09: Sprechende LINIEN & PFEILE

Verbinden, trennen, strukturieren, Richtung und Beziehung zeigen

Starten wir wieder mit einer Definition: Wikipedia definiert eine Linie so: »Oberbegriff von Kurve, Gerade, Strecke.« Das sind alles Begriffe, die genauso zur Straße passen würden: Straßen verbinden. Straßen trennen. Wer möchte schon eine sechsspurige Autobahn überqueren. Straßen sind unterschiedlich lang. Straßen gehen bergauf und bergab, werden mal schmal, mal breit, mal sind sie unterbrochen. Doch Linienformen sind noch weitaus vielfältiger als Straßenverläufe. Deshalb:

Wenn du deine nächste Linie skizzierst, überlege, welcher Stil, welche Position, welche Länge, Stärke und Form deiner Aussage gerecht wird. Zu oft ziehen wir einfach nur einen Strich. Damit verschenken wir Ausdrucksmöglichkeiten. Nun Beispiele zum Üben und Reflektieren, die dein Liniensketchen vielfältiger und ausdrucksstärker machen.

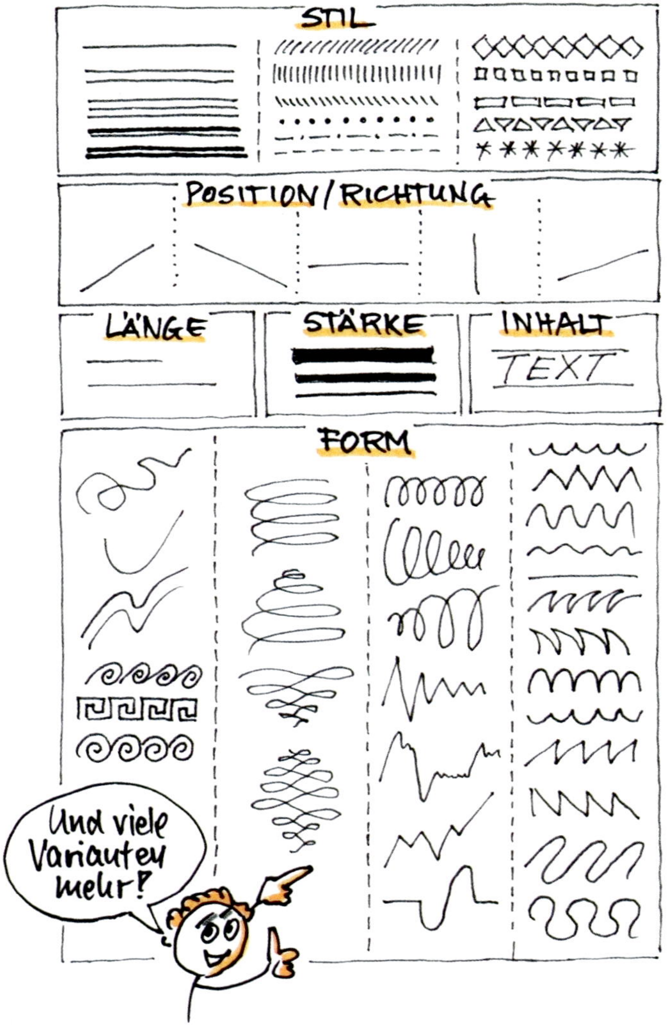

STIL

POSITION/RICHTUNG

LÄNGE

STÄRKE

INHALT

TEXT

FORM

Und viele Varianten mehr!

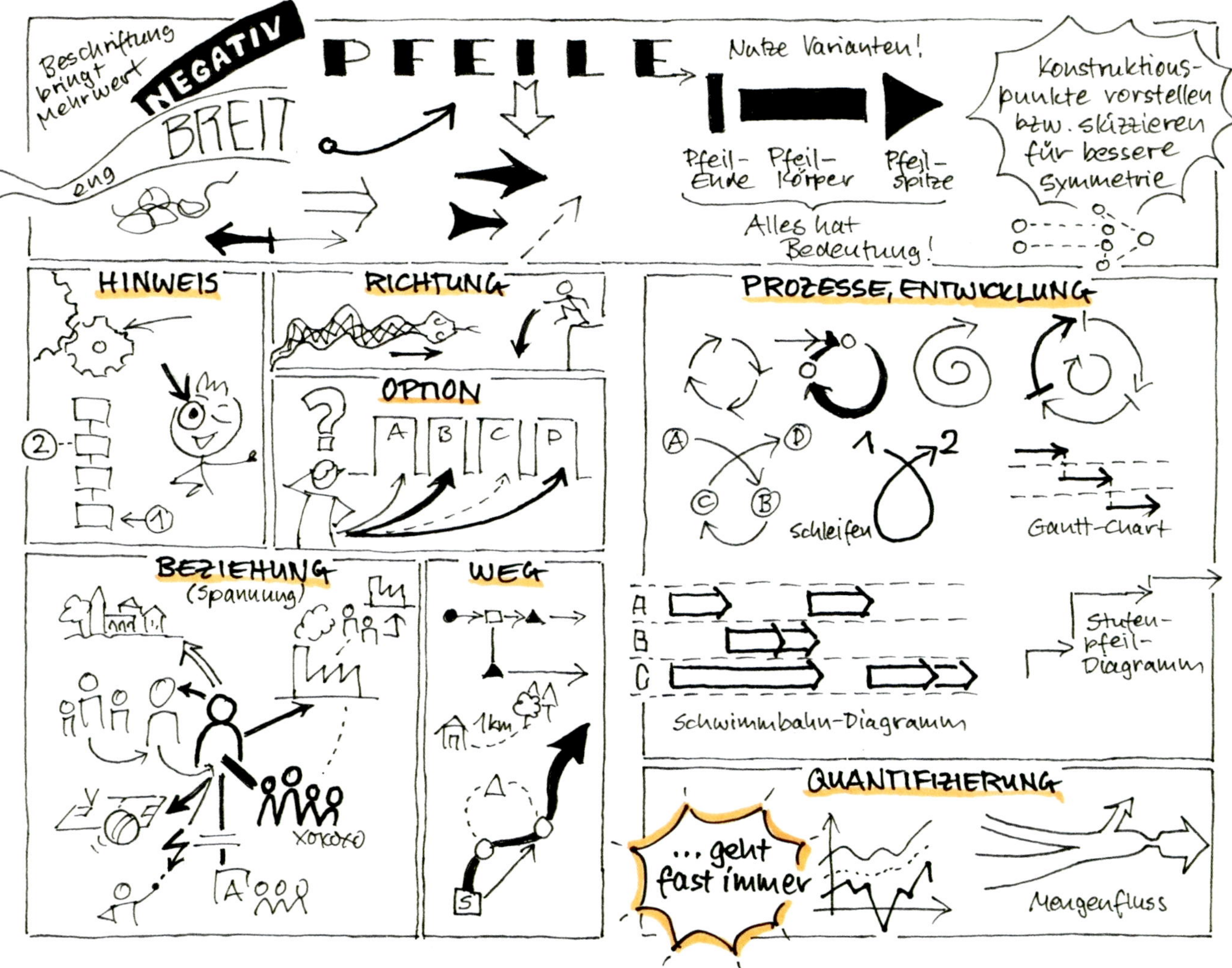
Beschriftung bringt Mehrwert
NEGATIV
PFEILE
BREIT
eng
Nutze Varianten!
Pfeil-Ende
Pfeil-Körper
Pfeil-spitze
Alles hat Bedeutung!
Konstruktionspunkte vorstellen bzw. skizzieren für bessere Symmetrie
HINWEIS
2
1
RICHTUNG
OPTION
?
A
B
C
D
PROZESSE, ENTWICKLUNG
A
D
C
B
1
2
Schleifen
Gantt-Chart
BEZIEHUNG
(Spannung)
XOXOXO
A
WEG
1km
S
A
B
C
Schwimmbahn-Diagramm
Stufenpfeil-Diagramm
QUANTIFIZIERUNG
... geht fast immer
Mengenfluss

Zwei parallel geführte Linien werden optisch zum Weg, der natürlich auch an- und abschwellen kann – optimal für Schriftintegration. Ein Weg ist eigentlich ein zweidimensionales Element, dargestellt durch Outlines.

Die Aussagekraft einer Linie wird noch stärker und vielfältiger, wenn die Linie zum Pfeil wird und wenn mehrere Linien miteinander und mit anderen Symbolen interagieren. So lassen sich komplexe Zusammenhänge und Prozesse visuell klar darstellen. Schau auf die Beispiele.

Lass Linien und Pfeile sich ab- und verzweigen. Dieses Prinzip findet sich überall in der Natur und entsprechend auch in unserem Denken.

Linien bzw. Pfeile haben in der Draufsicht eine andere Bedeutung als in der Seitenansicht. Achte darauf, dass deine Darstellungsperspektive verständlich ist.

Stil, Position, Länge, Stärke und Form stehen für messbare Hard Facts. Du kennst es von verschiedensten Diagrammen oder denke an ein EKG.

Übung 13: Sketchnote eines deiner Netzwerke. Nutze gezielt Länge, Position, Stärke und Form der Linien und Pfeile, um die Beziehungen und Verbindungen in deinem Netzwerk möglichst genau abzubilden. Konzentriere dich dabei auf maximal fünfzehn Personen oder Gruppen, sonst brauchst du zu lange für diese Übung. Als Inspiration für diese Übung findest du eine Gedankennotiz, die das Wichtigste einer Personal-Strategiebesprechung eines kleinen Betriebs zusammenfasst.

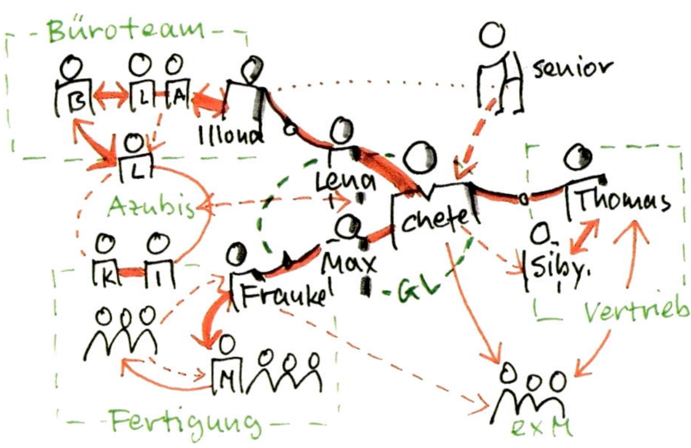

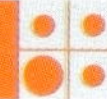

10: WOW-Effekt Farbe & Schatten

Farbe gibt Orientierung – nicht nur beim Bombenentschärfen

Jeder weiß das: Beim Bombenentschärfen muss ein bestimmtes Kabel durchtrennt werden. Rein schwarz-weiß wäre die Orientierung im Kabelsalat unmöglich. **Auch in der Visualisierung brauchen wir Farbe zur Unterscheidung und für vieles mehr. Die Punkte eins bis neun der Sketchnote helfen dir beim gezielten Einsatz von Farbe.**

Denke auch an eine Landkarte oder Infografik: Farbe macht Verstehen einfacher. Dagegen machen zu viele und vor allem unsystematisch verwendete Farben Verständnis schwerer. Du erinnerst dich: **»Vermeide das Übermaß« gilt auch für Farbe!**

Beim Visualisieren hast du Farbfreiheit: Weder ein Baum noch ein Frosch muss grün sein wie in der Natur. Warum nicht ein Froschkönig mit rosa Krone und Brille? Und schon veränderst du die Märchengeschichte!

Beachte beim Verwenden von Farbe den Kontrast: Dunkle Schrift auf dunklem Hintergrund ist nicht gut lesbar. Helle Farben wie ein Gelb sind oft zu hell, um gut wahrgenommen zu werden. Das gilt besonders bei Flipcharts auf größere Entfernungen.

Es wirkt oft besser, wenn Farbe nicht das gesamte Element ausfüllt. Das erzeugt eine Art Lichtreflex und so mehr Räumlichkeit und Lebendigkeit. Das erkennst du oben in der Sketchnote beispielsweise beim Herz.

Vermeide Schmierer! Wenn du mit einem schwarzen Stift vorgezeichnet hast und dieser nicht wasserresistent oder nicht einmal wasserfest war, kann die Farbe das Schwarz anlösen und verschmieren. Das sieht nicht gut aus und verdreckt die Spitze des farbigen Stiftes und macht ihn damit unbrauchbar. Mit wasserfesten Stiften für die Outlinezeichnung vermeidest du das!

Nutze nicht zu stark saugendes Papier. Es gibt extra Layoutpapier, bei dem Farben nicht auslaufen.

Koloriere möglichst gleichmäßig und zügig. Selbst wenn das Papier nicht allzu stark saugt, sieht man es, wenn du über eine Stelle besonders oft drübergehst oder mit dem Stift zu lange an einer Stelle auf dem Papier bleibst. Diese Stellen werden dunkler.

Super exakt ist selten nötig. Im Gegenteil. Es wirkt lockerer und geht auch schneller, wenn die Kolorierung nicht penibel ausgeführt ist. So darf eine Farbfläche auch mal die Outline überschneiden.

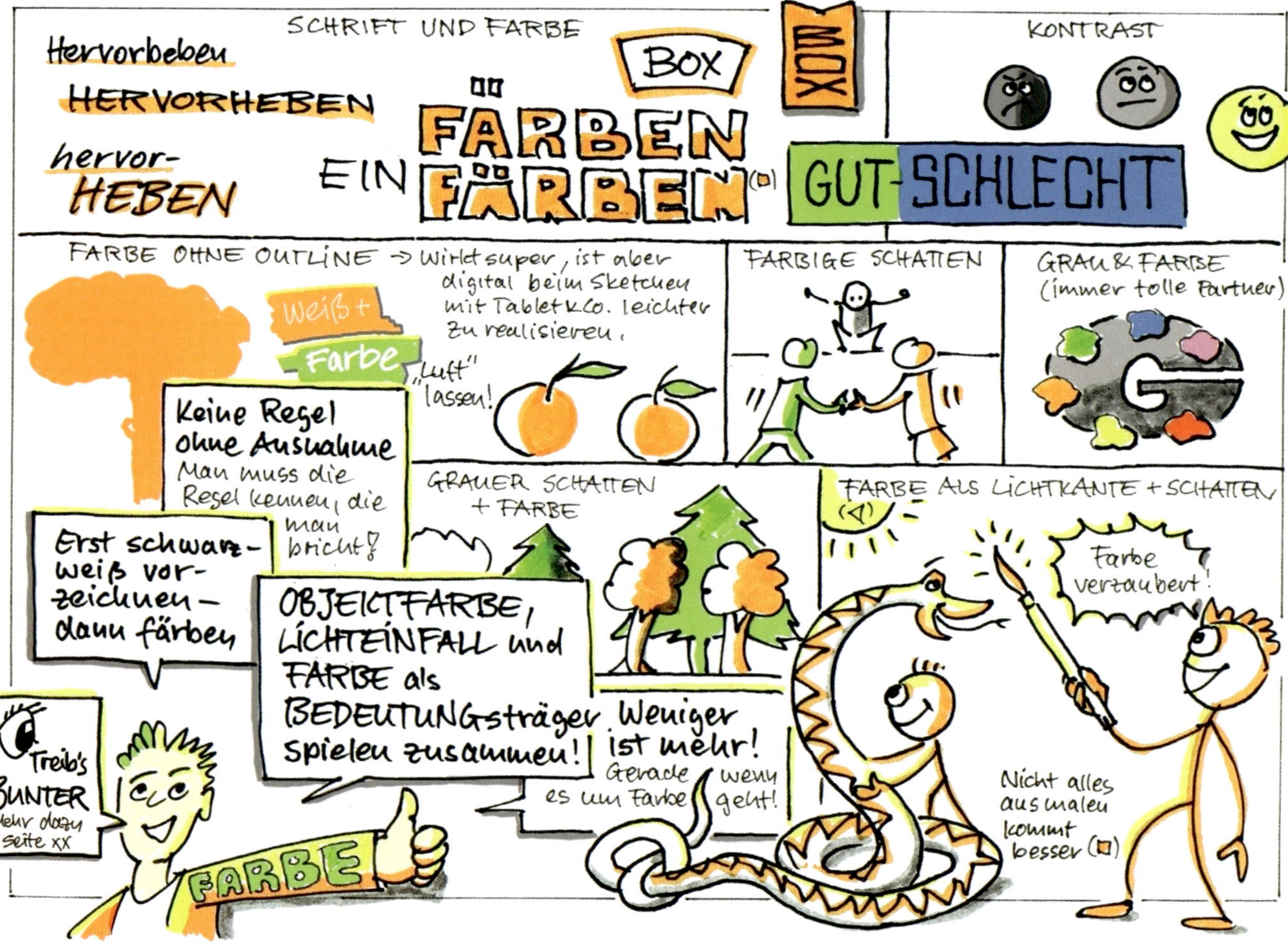
SCHRIFT UND FARBE
Hervorbeben
HERVORHEBEN
hervor-
HEBEN
BOX
BOX
FÄRBEN
EIN FÄRBEN FÄRBEN (☐)
KONTRAST
GUT-SCHLECHT
FARBE OHNE OUTLINE → wirkt super, ist aber digital beim Sketchen mit Tablet & Co. leichter zu realisieren.
Weiß +
Farbe
„Luft" lassen!
Keine Regel ohne Ausnahme
Man muss die Regel kennen, die man bricht!
FARBIGE SCHATTEN
GRAU & FARBE (immer tolle Partner)
GRAUER SCHATTEN + FARBE
FARBE ALS LICHTKANTE + SCHATTEN
Erst schwarz-weiß vorzeichnen – dann färben
OBJEKTFARBE, LICHTEINFALL und FARBE als BEDEUTUNGsträger spielen zusammen!
Weniger ist mehr!
Gerade wenn es um Farbe geht!
Farbe verzaubert!
Nicht alles ausmalen kommt besser (☐)
Treib's BUNTER
Mehr dazu Seite XX
FARBE

Achte auf die Farbharmonie: Nicht alle Farben passen gut zusammen. Mehr zu Farben und Farbharmonie findest du im Downloadbereich – oder google den Begriff »Farbpaletten« im Internet.

Jetzt brauchst du das Set mit den grünen, orangen und grauen Pinselstiften – oder du schaust, wo du noch Filzschreiber im Haus hast. Oder du kolorierst mit Farbstiften, das dauert aber länger und sieht etwas nach Kunst aus.

Übung 14: Geh **nochmals durch das Buch** und koloriere einige der einfarbigen Sketches. Bei dem gedruckten Buchpapier brauchst du keine Angst zu haben, dass deine Farbstifte die schwarze Outline verschmieren. Lasse dich beim Kolorieren von der Sketchnote links inspirieren. Du wirst merken, dass diese Sketchnotes gleich mehr auffallen. Setze Farbe deshalb bewusst als Verstärker und nicht überall ein. Sonst ist es so, wie wenn du alles mit dem Textmarker markierst.

Schatten ist auch nur eine Farbe

Vergleiche die Sketchnote links mit der auf der nächsten Seite. Du siehst, die Technik des Schattierens und des Kolorierens ist sehr ähnlich. **Schattieren ist Kolorieren mit grau bis schwarz!**

Warum nutzen wir Schatten in der Visualisierung? **Ein plastisches Motiv, also ein Motiv mit Schatten, fällt mehr auf.** Der Schatten trennt den Vorder- vom Hintergrund und lässt das Objekt hervortreten. Wichtig: Der Schatten ist immer vom Licht abgewandt. Achte darauf. Schau nochmals auf den Titel dieses Buches: Wenn du Farbe und Schatten kombinierst, hast du mehr Ausdrucksmöglichkeiten. Ein Tipp: Zum Schattieren kannst du auch einen Bleistift nehmen. Wenn du den Bleistift schräg hältst, gelingt dir das Schattieren leichter.

Übung 15: Schattiere einige Sketches, die du schon gemacht hast. Wenn das Schwarz etwas schmiert, schadet das deinem grauen Stift (fast) nicht.

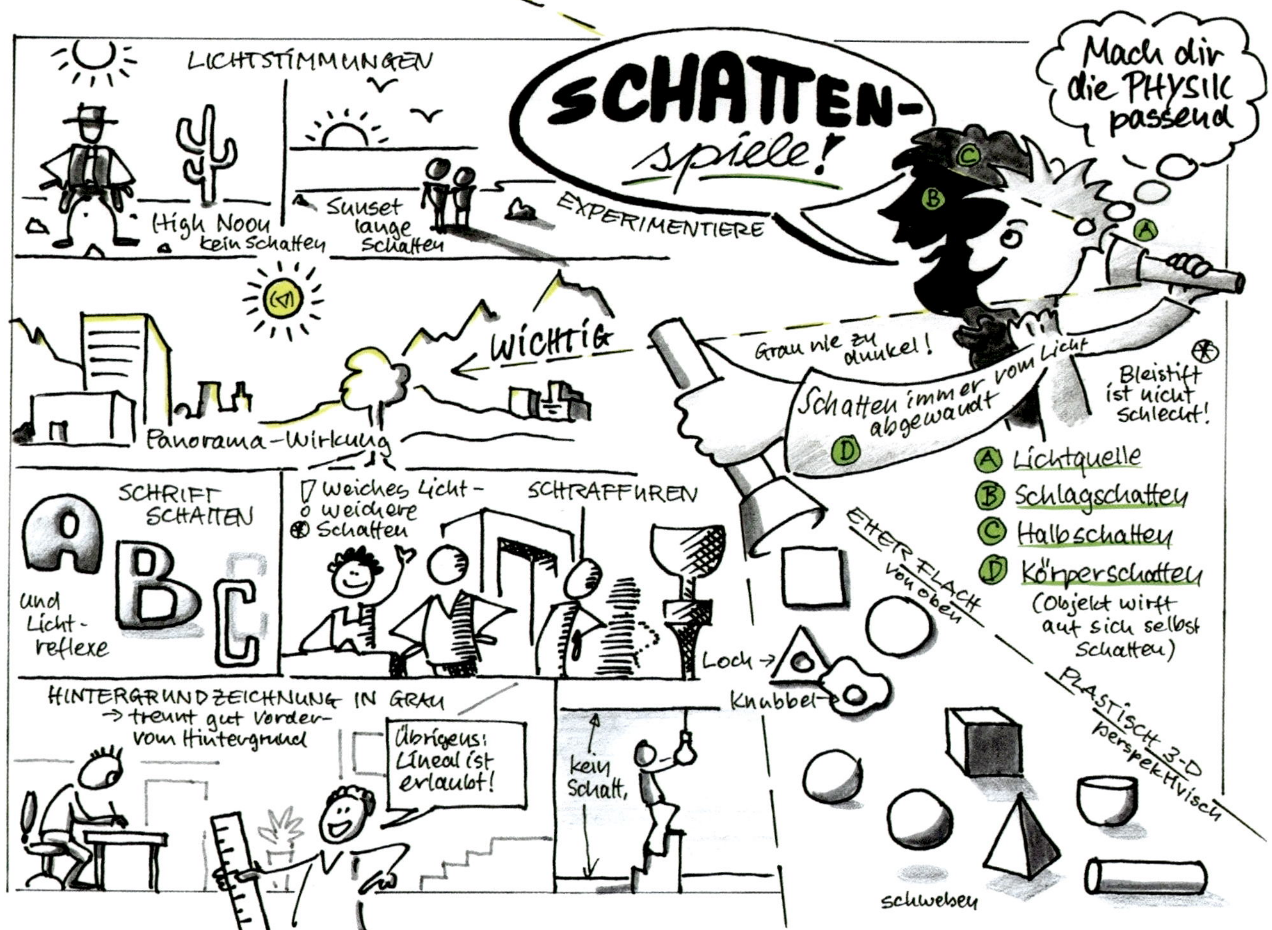

SCHATTEN-spiele!
Mach dir die PHYSIK passend
LICHTSTIMMUNGEN
High Noon
kein Schatten
Sunset
lange Schatten
EXPERIMENTIERE
WICHTIG
Panorama-Wirkung
Grau nie zu dunkel!
Schatten immer vom Licht abgewandt
Bleistift ist nicht schlecht!
A Lichtquelle
B Schlagschatten
C Halbschatten
D Körperschatten
(Objekt wirft auf sich selbst Schatten)
SCHRIFT SCHATTEN
und Licht-reflexe
Weiches Licht – weichere Schatten
SCHRAFFUREN
EHER FLACH von oben
Loch
Knubbel
PLASTISCH 3-D perspektivisch
schweben
HINTERGRUNDZEICHNUNG IN GRAU
→ trennt gut Vorder- vom Hintergrund
Übrigens: Lineal ist erlaubt!
kein Schatt.

11: 4-Quadranten-Methode ZEichN©

Das Profitool für wirksame Visualisierungen

Was Visualisierern mit Erfahrung gelingt, geschieht oft unbewusst und intuitiv. Diese unbewusste Kompetenz wird in der 4-Quadranten-Methode ZEichN© erlernbar. Die Methode gliedert den Visualisierungs- und Storytellingprozess in vier einfache Schritte auf. Statt auf den großen Wurf, die zündende Idee zu hoffen, kommst du mit dieser Methode Schritt für Schritt bei deinem Storytelling voran – effektiv, schnell und fokussiert.

Durch wiederholtes Anwenden dieses Tools passiert etwas Wunderbares: Deine Visualisierungen kommen einfach an, schießen Fakten direkt durchs Herz ins Hirn deiner Zielgruppe. Einfach, weil auf deiner ZEichN©-Bühne Spannendes passiert. Stand Mitte 2023 haben dreitausendfünfhundert meiner Workshopteilnehmenden diese Methode kennengelernt und viele nutzen sie in den verschiedensten beruflichen Zusammenhängen. Das Feedback zeigt: die Methode ist voll praxistauglich.

Erinnerst du dich noch an die vier Erfolgsfaktoren der ZEichN©-Bühne? Diese Faktoren lassen sich direkt den Quadranten zuordnen – und da wir nun Farben nutzen, können wir das verdeutlichen.

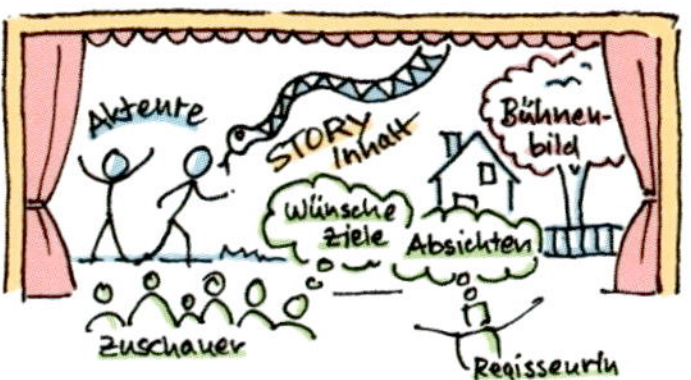

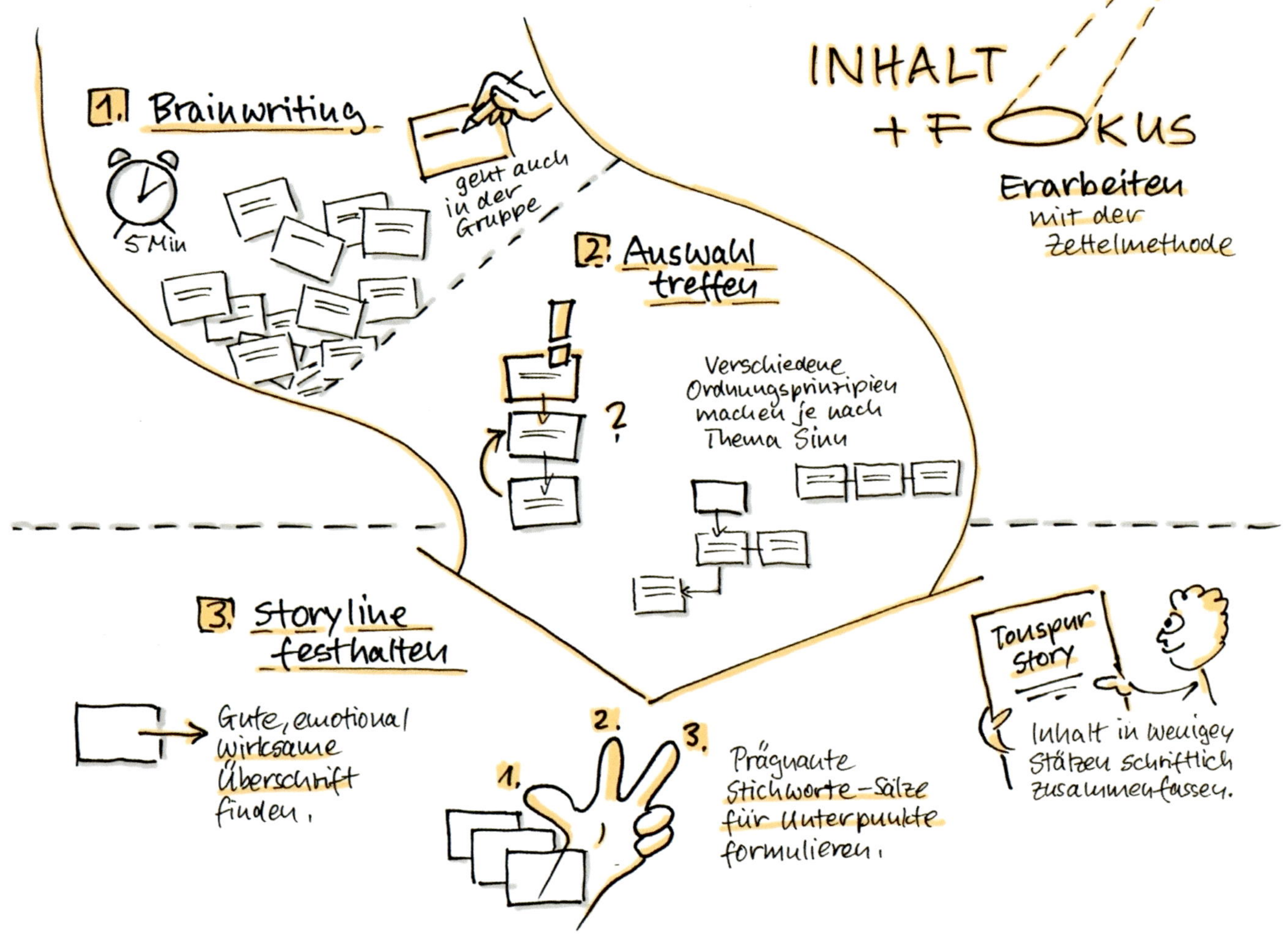
INHALT
+ FOKUS
Erarbeiten
mit der
Zettelmethode
1. Brainwriting
5 Min
geht auch
in der
Gruppe
2. Auswahl
treffen
?
Verschiedene
Ordnungsprinzipien
machen je nach
Thema Sinn
3. Storyline
festhalten
Gute, emotional
wirksame
Überschrift
finden.
1.
2.
3.
Prägnante
Stichworte-Sätze
für Unterpunkte
formulieren.
Tonspur
Story
Inhalt in wenigen
Sätzen schriftlich
zusammenfassen.

Quadrant Inhalt und Fokus

Immer, wenn es um ein Thema, ein Problem oder eine Lösung geht, gibt es:

das Wichtigste,
Wichtiges,
weniger Wichtiges,
Nebensächliches und
Unnötiges.

Erst wenn du Prioritäten klar herausarbeitest, wird aus vielen Informationen verdaubares Wissen. Visualisierung heißt, Information zu verdichten. Wie bei einem gelungenen Rezept sind nicht allein die Zutaten ausschlaggebend, sondern vor allem die Abstimmung und Mengen der einzelnen Zutaten. Wenn du alles gleich wichtig oder unwichtig darstellst, entsteht ein Einheitsbrei, der niemandem schmeckt. In der nebenstehenden Sketchnote erkläre ich dir eine Möglichkeit, wie dir das Priorisieren und Reduzieren auf das Wesentliche schnell und einfach gelingt. Selbstverständlich führen andere Priorisierungsmethoden auch zum Ziel.

Folgende Fragen helfen dir, den Inhalt zu schärfen:

Worum geht es? Beantworte diese Frage am besten mit einem einprägsamen Satz. Dann hast du vielleicht sogar schon eine gute Überschrift gefunden.

Worum geht es genau, welche Unterpunkte sind für dieses Thema besonders wichtig? So wird dir klar, welche Schlagworte zu deinem Thema wichtig sind.

In welcher Hierarchie stehen diese Schlagworte, die Themenbausteine zueinander? Wie bei einem Organigramm gibt es vielfältige Möglichkeiten, den Inhalt zu strukturieren. Mach es nicht zu kompliziert.

Was kann ich kürzen und vor allem weglassen? Hab Mut zum Reduzieren. Manches muss, selbst wenn es eine gute Idee ist und schwerfällt, in den Mülleimer wandern.

Dieser Prozess funktioniert genauso gut als Gruppenarbeit. Je öfter du diese Zettelmethode übst, umso mehr gelingt dir das Präzisieren, Priorisieren, Reduzieren und Eliminieren – gerade unbewusst.

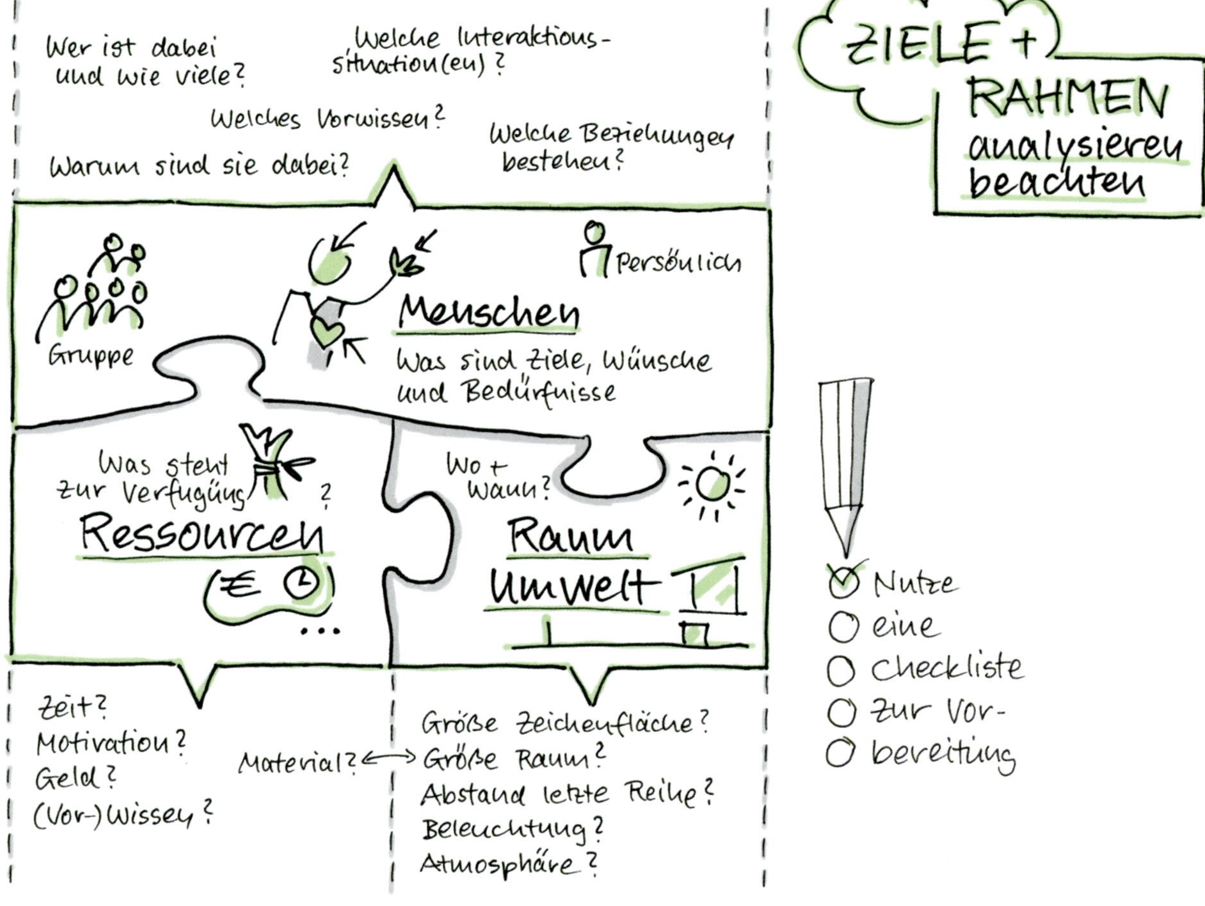
Wer ist dabei und wie viele?
Welche Interaktions-situation(en)?
Welches Vorwissen?
Welche Beziehungen bestehen?
Warum sind sie dabei?
ZIELE + RAHMEN analysieren beachten
Gruppe
Persönlich
Menschen
Was sind Ziele, Wünsche und Bedürfnisse
Was steht zur Verfügung?
Ressourcen
€
...
Wo + wann?
Raum
Umwelt
Zeit?
Motivation?
Geld?
(Vor-)Wissen?
Material? ⟷
Größe Zeichenfläche?
Größe Raum?
Abstand letzte Reihe?
Beleuchtung?
Atmosphäre?
Nutze
eine
Checkliste
zur Vor-
bereitung

Quadrant – Ziele und Rahmen

Visualisierungen müssen zum Veranstaltungsrahmen passen – zu den Menschen, den Ressourcen und zu dem Raum. Die Situation ist eine völlig andere, wenn du mit deinen Kollegen am Tisch sitzt, vor Hunderten von Zuschauern in einem Saal präsentierst oder mit Visualisieren durch einen Prozess führst. Einmal reicht ein Schmierzettel, einmal kommt es auf professionelle Veranstaltungstechnik und viel Abstimmung an, einmal musst du besonders viel über die Teilnehmenden wissen. Dieser Quadrant hilft dir bei der professionellen Vorbereitung. Du vermeidest Stress und gewinnst Freiräume für Improvisation. Lass dich von folgenden Fragen leiten:

Für wen und wie viele visualisiere ich? Wie sind die Beziehungen meiner Zielgruppe untereinander?

Was sind die Ziele und Wünsche aller Beteiligten? Was ist der konkrete Nutzen?

Welches Vorwissen bringen die Teilnehmenden mit? Was sind die Lern- und Handlungsziele?

Auf welche Art, weshalb und wie möchte ich die Teilnehmenden einbinden? Was sollen sie konkret tun?

Was ist an Vorbereitung nötig? Wen muss ich einbinden? Habe ich notfalls einen Plan B und C?

Welchen Zeitrahmen habe ich? Wie gestalte ich Pausen und die Agenda?

Welches Budget und welche Ressourcen habe ich? Was an Material und Ressourcen ist absolut nötig, was ist optional?

Wie ist die Raumsituation sowie das räumliche Umfeld? Was kann ich notfalls verändern?

Wie weit ist der Hinterste von der Zeichenbühne entfernt? Wie nah rücke ich jemandem auf die Pelle?

Wie garantiere ich Verständlichkeit und Lesbarkeit? Wie ist die Lichtsituation gerade im Tagesverlauf?

Lass dich von diesen Fragen zu weiteren anregen.

STRUKTUR + LAYOUT

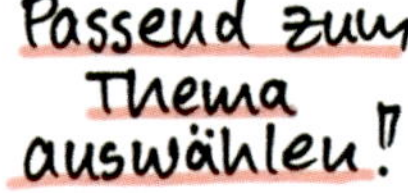

Linear

Beim normalen Layout der Klassiker ein- oder mehrspaltig.

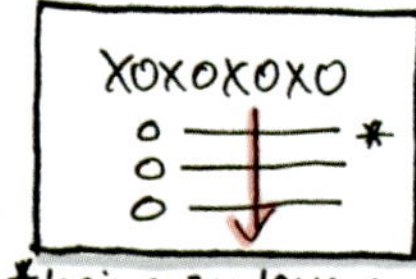

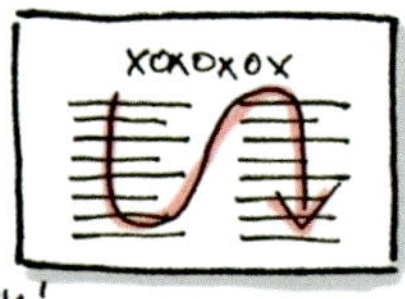

*keine zu langen Zeilen!

Setzkasten

Verbindet Ordnung mit viel Flexibilität.

Mengen

Besonders gut für die Darstellung von Beziehungen.

Zentral

Perfekt für zirkuläre Prozesse, klarer Fokus.

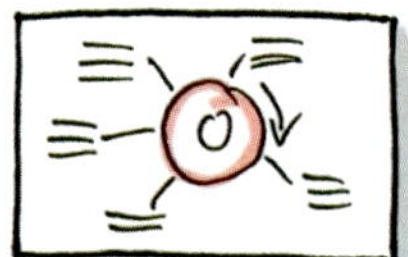

Schlüsselbild

Mit einer emotionalen Bildidee als Metapher das Thema verdeutlichen.

Darstellung einer zeitlichen, räumlichen oder logischen Abfolge.

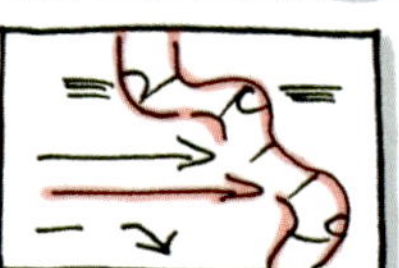

Bildlandschaft

Optimal, um komplexere Storys zu erzählen. Hohe Infodichte! Benötigt ein großes Format.

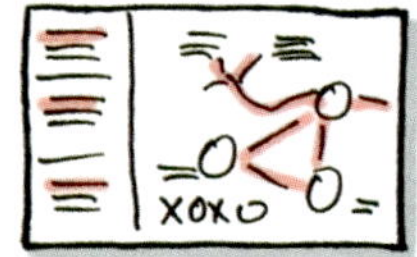

Freies Layout

Größte Freiheit – aber Gefahr, dass Ordnung verloren geht. Wichtig ist Struktur durch Farben und Trenner.

Kreative Kombination

Die Layoutmuster sind als Hilfestellungen hervorragend.

Sie lassen sich aber ergänzen und kombinieren!

Quadrant Struktur und Layout

Eine schlüssige Struktur und ein angemessenes Layout sorgen für Klarheit und damit besseres Verständnis. Oder: Das Layout macht die Struktur des Inhalts sichtbar. Die nebenstehenden Grundmuster von Layouts erleichtern dir die Gestaltung deiner Visualisierung. Fast alle Visualisierer und Visualisierungsbücher gliedern diese Layoutmuster ähnlich – weil es sich einfach bewährt hat.

Jetzt gleich wieder eine Anleitung dazu, wie du ein optimales Layout für dein Thema findest:

Triff die Formatentscheidung. Entscheide dich für eine konkrete Größe und Proportion deiner Zeichenbühne: Ein Beispiel, um es konkret zu machen: Du möchtest als Metapher für harte, eintönige Arbeit eine Galeere darstellen? Dann bietet sich ein Querformat an. Du möchtest eine Von-oben-nach-unten-Hierachie durch ein Hochhaus ausdrücken? Dann nimm ein Hochformat. Ist dein Motiv detailreich, muss dein Format groß sein, damit noch alles zu erkennen ist. Und wie du gerade gelesen hast: Denk an die Lesbarkeit für den Hintersten im Raum oder an die Lesbarkeit auf kleinen Formaten, wie zum Beispiel auf dem Handy.

Wähle anhand der Kurzbeschreibungen Layoutmuster aus, welche zu deinem Thema passen: Die Klarheit über Inhalt und Fokus sowie Ziele und Rahmen hilft dir, eine möglichst gute und schnelle Entscheidung zu treffen. Meist eignen sich mehrere Layoutmuster.

Ein Layoutmuster ist nur der grobe Rahmen. Entwickle eine klare Vorstellung davon, wie du das Grundlayout im Detail ausgestaltest. Wie groß sind die verschiedenen Schriften? Welche Farbpalette bestimmt das Layout? Ein anschauliches Beispiel für die Optimierung eines Layouts ist der Vergleich der Abbildungen auf Seite 96 und 98. Ein Tipp für besseres Layout: Kleine Vorabskizzen helfen dir beim effektiven Layouten.

Je komplexer und kleinteiliger visuelle Darstellungen werden, umso wichtiger ist dieser Quadrant. Bei einem Graphic Recording ist er beispielsweise unverzichtbar. Bei einer Ad-hoc-Gedankenskizze oder einem kleinen Schlüsselbild ist er eher unnötig.

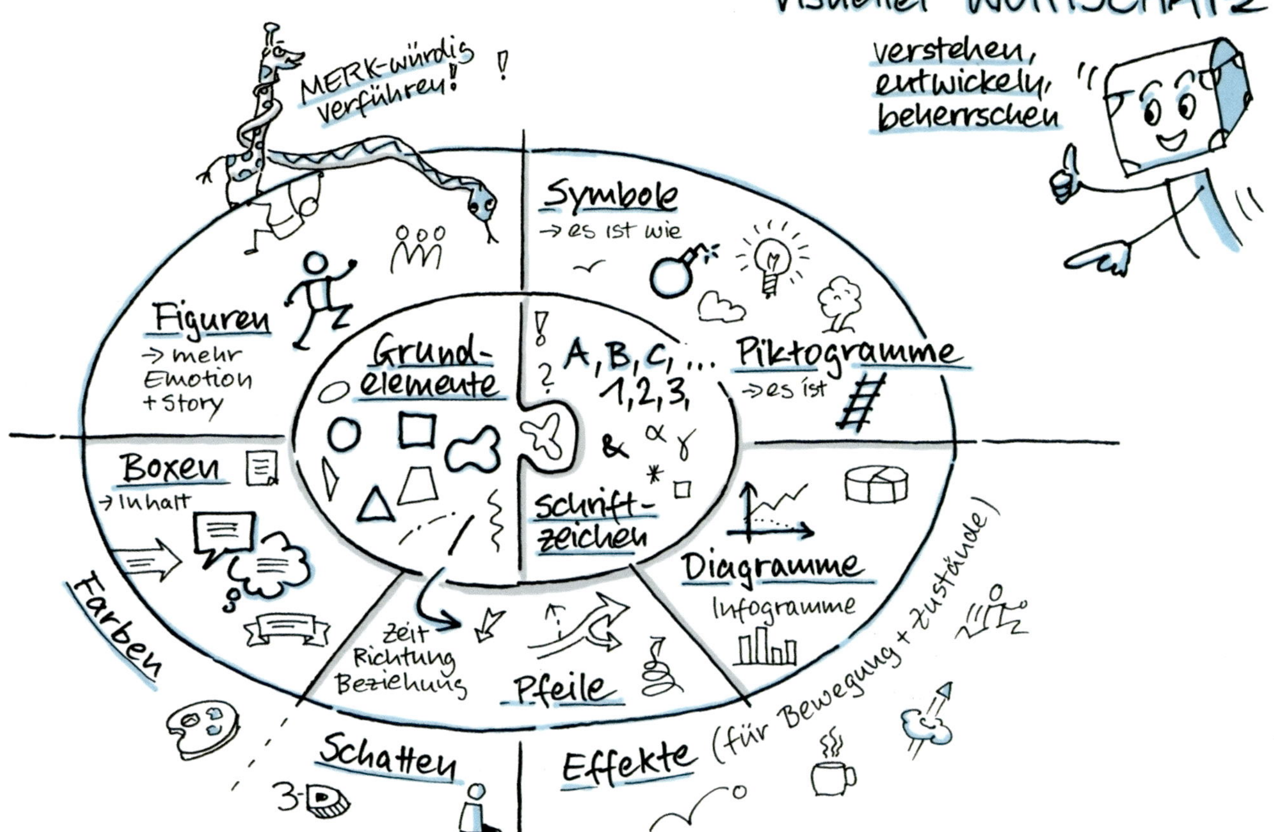

Visueller WORTSCHATZ:
verstehen, entwickeln, beherrschen
MERK-würdig verführen!
Symbole
→ es ist wie
Piktogramme
→ es ist
Figuren
→ mehr Emotion + Story
Grund-elemente
A, B, C, ...
1, 2, 3,
&
α γ
Schrift-zeichen
Boxen
→ Inhalt
Diagramme
Infogramme
Zeit
Richtung
Beziehung
Pfeile
Farben
Schatten
3-D
Effekte (für Bewegung + Zustände)

Quadrant visueller Wortschatz

Für viele, die Visualisierung üben und es anderen beibringen, ist der visuelle Wortschatz, sind die visuellen Elemente das Herzstück der Visualisierungsskills. Wahrscheinlich liegt es daran, dass man beim Üben des visuellen Wortschatzes am schnellsten seinen Lernerfolg erkennt. Oder weil es den meisten besonders viel Spaß macht – gerade denjenigen, die gedacht haben, dass sie nicht zeichnen könnten. Oder weil einfach gilt:

Die visuellen Vokabeln sind der Blickfang auf deiner Zeichenbühne.

Und genau wie auf der Bühne müssen diese Elemente gut zusammenspielen. Keine soll der anderen Vokabel die Show stehlen – außer, wenn das gerade ein Teil der Story ist. **Stelle mit deinen visuellen Vokabeln Beziehungen, Interaktionen, Botschaften, Gedanken, Konflikte und Lösungen dar.** Deine Zutaten sind dabei die grafischen Grundelemente, die Schriftzeichen und alle Dinge, die du in der nebenstehenden Sketchnote zusammengefasst siehst.

Das Gute beim Handmade-Visualisieren ist:

Du kannst selbst Unbelebtes wie einen Stift oder selbst eine Textbox zum Leben erwecken, zum Akteur mit Charakter und Ausdruck machen.

Gerade das Darstellen von handelnden Akteuren belebt jede Visualisierung. Denn mach dir klar: Ob in der Gesellschaft, Wirtschaft, Politik oder im Privaten etwas gelingt oder scheitert – der handelnde Mensch spielt dabei immer eine entscheidende Rolle. Das wird viel zu oft bei aller vermeintlichen Sachlichkeit, allen Bulletpoints, Statistiken und Tabellen vergessen. Wie schon mehrfach betont:

Visualisierung macht durch Emotion Fakten verständlich und MerkWÜRDIGER! Visualisierung macht schwer Formulierbares sichtbar. Visuelles Storytelling und originelle visuelle Elemente prägen sich nachhaltig ein. Das sind nicht nur vollmundige Behauptungen, sondern das wurde durch wissenschaftliche Studien eindeutig bewiesen. Einige dazu findest du im Downloadbereich zu diesem Buch.

Alle Quadranten sind gleich wichtig

Es ist prinzipiell völlig egal, mit welchem Quadranten du beginnst, um deine Story beziehungsweise deine Visualisierung auszuarbeiten und zu schärfen. Du solltest aber wissen, dass alle Quadranten zusammengehören und zueinander in Beziehung stehen. Mein Tipp ist, wenn dieses Buch dein Einstieg ins clevere Visualisieren ist, dann beginne mit dem Quadranten »Inhalt und Fokus« sowie »Ziele und Rahmen«. Wenn du aber schon ein routinierter Visualisierer bist, werden dir oft spontan visuelle Ideen einfallen, du wirst also oft mit den unteren Quadranten starten. **Denke aber daran, immer alle vier Quadranten zu durchdenken.**

Übung 16: Erarbeite dir mit dem ZEichN©-Modell eine Visualisierung zum Thema *»Tägliches Visualisieren bringt's«*. Beginne mit der Überlegung, ob ein Hoch- oder Querformat besser geeignet ist. Finde eine gute Überschrift. Schreibe zudem circa fünf Sätze als Zusammenfassung und Quintessenz auf.

Zur Wortmarke ZEichN©

Das Wort setzt sich aus den Worten »ZEN« und »ich« zusammen. Kennst du vielleicht die folgende Geschichte?

Der Schüler fragt den ZEN-Meister:
»Warum bist du erleuchtet und ich nicht.«

Der Meister antwortet:
»Wenn ich sitze, dann sitze ich;
wenn ich stehe, dann stehe ich;
wenn ich gehe, dann gehe ich.
Wenn du aber sitzt, stehst du schon.«

Ich finde, diese ZEN-Geschichte passt hervorragend zu dem, was ich beim Visualisieren immer wieder erlebe: Die Menschen finden zu sich und fokussieren ihre Energie auf das, was gerade wichtig ist. **Wer skizziert, fokussiert sich. Wenn du gemeinsam im Team visualisierst, sorgst du für mehr Fokus und Konzentration.** Zudem hast du, wenn du nur eine Sache tust, eine stärkere Präsenz – ein weiteres Plus für deinen visualisierenden Auftritt im geschäftlichen Kontext.

So kann Visualisieren zu einem wichtigen Gegenpol zu einer stressigen Arbeitskultur werden: ein Gegenpol zu immer mehr Hektik, Multitasking, unterbrochenen Aufgaben und immer kürzer werdenden Aufmerksamkeitsspannen.

Der Spruch »Wenn du es eilig hast, gehe langsam« oder wie man im Schwäbischen sagt: »No net huadle«, sagt aus, dass man langsamer oft schneller vorankommt. Visualisieren ist im Vergleich zum Durchdrücken von PowerPoint-Folien langsam. Auch reden und visualisieren ist langsamer als nur reden. Aber das kann sich lohnen.

Jetzt noch etwas zum »ich«: Eine Visualisierung ist einer Handschrift ähnlich. Sie ist niemals identisch mit einer anderen – selbst wenn ich Schriften oder visuelle Elemente nachmache. Im Gegensatz zu üblichen PowerPoint-Präsentationen, zu Grafiken, die mit Tastatur und Maus entstehen, zeigen wir beim Skizzieren und Schreiben einen Teil unserer Persönlichkeit und Stimmungslage. Durch den Inhalt schimmert dann stets unsere Persönlichkeit durch. Das erfordert vielleicht etwas Überwindung – es kommt aber an und sorgt für mehr Interaktion. Du erinnerst dich sicher an den Vergleich von KI-Bildgeneratoren mit Bio-Visualisierern. Von Menschen Handgemachtes schlägt, wenn es um die Kommunikations- und Interaktionsfähigkeiten geht, jede KI. Überlege, wann du dich zuletzt über Handmade-Dinge und über das Zusammensein mit anderen gefreut hast.

Ich bin dir aber noch eine weitere Erklärung schuldig. Hast du dich auch gefragt, was die Grafik im Überschriftenbalken dieses Buches ausdrückt? Grundsätzlich sprechen alle Impulse im Workbook immer alle vier Quadranten an. Die Größe der Kreise steht für die jeweilige Gewichtung. Lass dich davon motivieren, grundsätzlich in den vier Quadranten zu denken und vor allem zu sketchen. Du hast gewissermaßen immer einen Impuls, zeichnerisch verstanden zu werden. Ist das nicht toll?

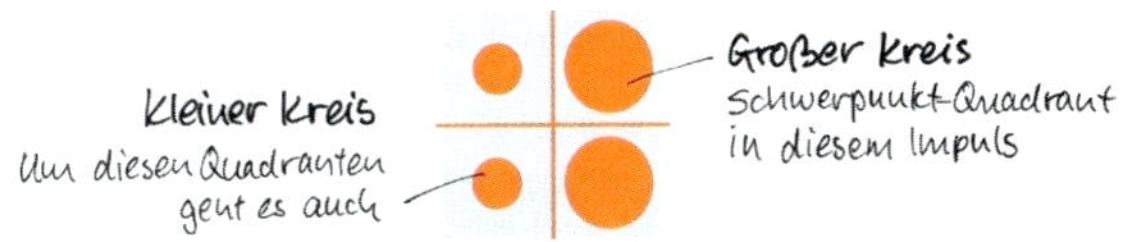

12: Stell's ins RAMPENLICHT

Betonen und hervorheben

Visualisierung ist Kommunikation mit Bildern. Bei jedem Bild gibt es Elemente, die besonders ins Auge stechen. Beeinflusst wird dieses Ins-Auge-Stechen – und von dort aus ins Hirn und Herz – von den folgenden Faktoren. Wenn du diese anwendest, gelingt es dir, Aufmerksamkeit gezielt zu lenken. Damit lenkst du zugleich den Fokus des Betrachters auf die inhaltlichen Punkte und Dinge, die (dir) wichtig sind:

Position/Layout: Du wirst, wie die meisten Betrachter, die Zeichenbühne in einem Z-Form-Muster überfliegen. Dieses gilt aber nur für unseren sprachlichen Kulturkreis, weil die Schreibrichtung unsere Wahrnehmungs- und Leserichtung prägt. Das heißt, man startet links oben, überfliegt die erste Zeile und scannt dann quer nach unten in die letzte Zeile. Alles, was in dieser Z-Spur angeordnet ist, wird eher wahrgenommen. Falls nicht ein prägnantes visuelles Element den Fluss stört.

Größe: Auf den mittelalterlichen Bildern sind der König oder Heilige meist groß und die Bauern klein dargestellt. Man nennt das Bedeutungsperspektive – Größe gleich Wichtigkeit. Nutze das für deine Visualisierungen. Aber: Es gibt ein »zu groß«. Ist etwas zu groß, kann es nicht mehr in seiner Bedeutung erfasst werden. Ein Beispiel: Nur ein großer Ausschnitt von einem Schuh auf einem Flipchart wird nicht mehr als Schuh erkannt.

Motiv: Menschen fallen mehr auf als unbelebte Dinge. Gesichter mehr als Füße, Augen mehr als Haare. Das hat evolutionäre Gründe. Es ist und war elementar wichtig zu erkennen, ob Freund oder Feind vor der Tür steht. Auch das ist ein Grund, Personen und Figuren als Blickfang in Visualisierungen zu nutzen. Menschen interessieren sich für Menschen – das ist nicht nur ein Erfolgsrezept der Klatschpresse.

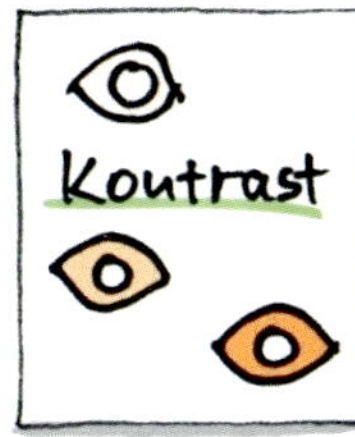

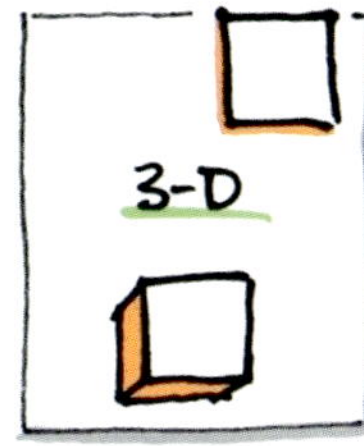

Persönliche Relevanz: Neben den Dingen, die allen Menschen prinzipiell mehr auffallen, gibt es viele Dinge, die je nach kulturellem oder persönlichem Kontext stärker wirken. Das sind oft Dinge, zu denen man einen besonders positiven oder auch negativen Bezug hat. Für den Angler ist der Karpfen ein Hingucker, für die werdende Familie der Kinderwagen. Erinnere dich: Jeder hat ein unterschiedlich gefülltes Erinnerungsarchiv. Je mehr du über deine Zielgruppe weißt, umso besser und relevanter wirst du visualisieren.

Kontrast: Je stärker der Kontrast zwischen Vorder- und Hintergrund ist, umso besser wird der Vordergrund beziehungsweise das Hauptmotiv wahrgenommen. Wie so oft: Zu starke Hell-Dunkel-Kontraste oder schreiende Farbkontraste irritieren die Wahrnehmung. Das erschwert die Erkennbarkeit des Motivs.

Dreidimensionalität: Auch Plastizität sorgt für eine bessere Trennung zwischen Vorder- und Hintergrund. Nutze deshalb Schatten, um hervorzuheben und als einen Aspekt der Kontrastverstärkung.

Farbe: Jede Farbe hat einen anderen Helligkeitswert. Deshalb hängt Farbe mit Kontrast zusammen. Aber jede Farbe hat auch eine Auffälligkeit für sich. Rot als Blutfarbe hat eine dominante Farbwirkung. Grün oder ein Himmelblau treten eher zurück.

Klarheit: Je aufgeräumter das Layout, umso besser kommen die einzelnen Elemente zur Geltung. Vergleiche es mit Ausstellungsräumen oder Wohn-Magazinen. Je weniger Elemente das Auge erfassen muss, umso leichter tut sich unser Gehirn. Umso ästhetischer ist meist auch die Wirkung. Aber eine Sketchnote ist keine Illustration.

Schriftart/-format: Manche Schriften sind unaufdringlich, manche plakativ auffällig. Unabhängig von diesem Schriftcharakter entscheidet die Schriftformatierung über die Auffälligkeit. Formatierung heißt: wie fein oder fett ist der Buchstabe, wie eng oder weit ist der Buchstabenabstand bzw. die Buchstabenbreite, welche Farbe hat die Schrift. Denke bei Schrift immer an den Kontrast.

Absatzformatierung: Dazu zählen der Zeilen- und Absatzabstand, die Aufzählungszeichen und mehr. Gerade die Formatierung hat großen Einfluss auf die Lesbarkeit. Über den Aspekt, mit Schrift mehr Wirkung zu erzielen, findest du im Impuls 15 weitere Anregungen.

Weitere Faktoren: Es gibt noch andere und vor allem subjektive Faktoren, welche die Aufmerksamkeit beeinflussen. Auch Geschmäcker sind relativ. Viele Symbole werden zudem in anderen Kulturen anders gedeutet. Ein bekanntes Beispiel ist, dass eine dampfende Nudelschale aus dem asiatischen Raum bei uns eher als Kaffeetasse gedeutet wird. Auch bestimmte Haltungen von Figuren oder Fingergesten können in die Irre führen oder sogar provozieren und beleidigen. Also aufgepasst.

Blickführung lenken heißt Aufmerksamkeit lenken

Je besser es dir gelingt, durch dein Layout, durch die visuellen Elemente den Blick zu lenken, desto besser gelingt dir deine Kommunikation. Also sei dir darüber bewusst:

Kommunikation ist das, was ankommt,
nicht das, was du kommunizierst!

Gerade, wenn du dir keine Vorzeichnung machen kannst: Habe beim Ad-hoc-Visualisieren eine klare Vorstellung, wo und welche Aufmerksamkeitsakzente du setzt. Und ganz wichtig: Nutze die Möglichkeit, nachträglich durch Farbe, Schatten oder Umrahmungen Akzente zu setzen. Gerade beim Sketchnoten unter Zeitdruck sketche ich zunächst nur einfarbig, oft auch nur mit einer Stiftdicke. Im Nachgang kann ich die Schriften dicker ziehen, Schatten anlegen und bewusst Farbakzente setzen. Auch nachträglich Text zu umranden, betont den Text. Wichtig: Lass dafür genügend Weißraum um die Schrift.

Noch ein ganz wichtiger Tipp: **Klebe nicht direkt vor deiner Zeichenfläche!** Gehe immer wieder einen Schritt zurück, um die Gesamtwirkung beurteilen zu können. So bist du mehr in der Rolle des Betrachters. Du erlebst selbst, was dem Betrachter auffällt und was nicht.

Übung 17: Nimm dir nochmals die Konfuzius-Sketchnote vor. Sketche sie ein zweites Mal und spiele mit den Faktoren der Auffälligkeit, indem du einmal das MitTEILEN und einmal das Erinnerungsarchiv betonst. Schau dir dazu noch einmal die Punkte von eben an. Du hast viele Möglichkeiten, deine Elemente prominent ins Rampenlicht zu setzen.

Noch ein Tipp und eine kleine Übung für zwischendurch im Alltag: Mache dir klar, was und warum dir etwas auffällt. Reflektiere in diesem Bewusstsein Social-Media-Posts, Websites, Zeitschriften, Werbung, Großflächenplakate, Bücher und Verkaufsregale. Analysiere, was dir beim Spazierengehen, Fahrradfahren oder im Straßenverkehr besonders auffällt.

L1: INVENTUR zum Weitergeben

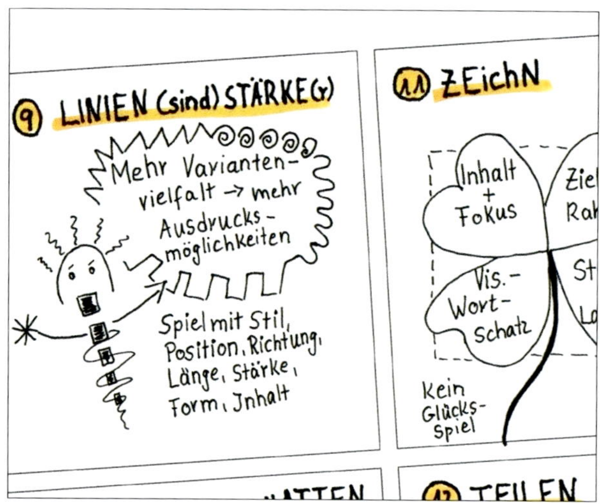

Was nimmst du mit, was gibst du weiter?

Überschlage, wie viele Stunden du bisher mit Lesen und Üben verbracht hast. **Wenn du dich an meinen Rat gehalten hast, wirst du nun so viel gelernt haben wie in einem mehrtägigen, intensiven Workshop!** Vor allem, wenn du zusätzlich den Downloadbereich genutzt hast. Du wirst dir nun mithilfe deiner Sketches vieles leichter merken können. Und du kannst mit dem Stift in der Hand besser kommunizieren. Aber du kannst noch mehr.

Vielleicht erinnerst du dich, was für mich die Königsdisziplin des Visualisierens ist: **gemeinsames Visualisieren, andere zum Visualisieren zu bringen.** Das ist der stärkste Kommunikationsbooster. Entsprechend ist deine letzte Aufgabe dieses Levels, andere auch an den Stift zu bringen. Denn Folgendes gilt seit jeher und bleibt in der Zukunft genauso wichtig:

»Lehrend lernt man am besten.«

Übung 18: Bringe jemandem das Visualisieren bei. Nutze dazu nur zwölf dir wichtige Aspekte, aus jedem Impuls nur einen. Sketchnote jeweils einen Aspekt in das entsprechende Feld eines Zwölfer-Rasters. Eine Vorlage für das Raster findest du im Downloadbereich. Einen Ausschnitt aus der Zusammenfassung einer Test-Leserin siehst du oben.

Level 2

2

Du wirst in diesem Level unter anderem lernen, wie dir der Einstieg ins Visualisieren auf dem Tablet gelingt; du lesbar schreibst; du noch klarer und übersichtlicher gestaltest; dein visuelles Storytelling an Tiefe gewinnt; wie du mit Bewegung, Gestik, Mimik und Farbe mehr Emotionen ausdrücken kannst; wie du Menschen visuell aktivierst und inspirierst.

13: AUSDRUCK sichtbar machen

Gedanken und Botschaften betonen

Leben ist Kommunikation, Interaktion und das Stillen von (Grund)Bedürfnissen. Absolut notwendig dafür ist unsere Ausdrucks- und Emotionsfähigkeit, also Sprache, Bewegung, Gestik, Mimik zum Sichtbar-Machen unserer Gedanken und Gefühle. Dieses Sichtbar-Machen ist der Schlüssel für mehr Ausdrucksqualität deiner Visualisierungen. Ich behaupte: *Mehr Ausdruck, mehr Eindruck!* Nun geht es erst mal um die Blasen und Container. Im Impuls 21 und 30 vertiefst du die Ausdrucksfähigkeit deiner Figuren noch weiter.

Sprech- und Gedankenblasen:

Seit den ersten Comics haben Zeichner viele unterschiedliche Varianten entwickelt – nutze diese Vielfalt. Nebenstehend eine Auswahl der Wichtigsten davon. In dem du mit Farbe, Schatten und Linienstärke spielst, erweiterst du die Ausdrucksfähigkeit deiner Blasen.

Workshop-Flipcharts

Schriftboxen, Fahnen & Co

Du kannst die Botschaften auch durch Textboxen betonen und differenzieren. Lass dich von den nebenstehenden Beispielen inspirieren, deine eigenen zu entwickeln. Grundsätzlich kannst du (fast) jedes visuelle Symbol beziehungsweise Element zu einer Textbox machen. Dazu noch ein Gedanke zu den beliebten Überschriften-Textboxen im Fahnen-, Wimpel- und Bannerstil: Übertreibe es nicht, sie werden zu oft und floskelhaft verwendet. Die Assoziation deiner Aussage gleitet sonst schnell ins Mittelalterliche ab – dabei geht es doch meist um heutige Themen. Aber wenn es dir Spaß macht, lasse Fahnen wehen, visualisiere Schilder und sketche angepinnte oder aufgeklebte Zettel.

Übung 19: Schreibe zehn Mal gleich groß das Wort »Betonung« mit genügend Abstand dazwischen. Skizziere um das Wort verschiedene Blasen und Boxen mit unterschiedlichen Strichstärken, Farben und Effekten. Welches fällt am meisten auf?

14: Warum DIGITALanalog?

Vorteile des digitalen Sketchens

Ich finde: »Wenn Bleistift, Kugelschreiber, Marker & Co noch nicht erfunden wären, man müsste es dringend tun.« Die besondere Haptik von Papier, die direkte Rückmeldung der Zeichenspitze an Hand, Arm und Hirn, der Handmade-Charakter sind unvergleichbar und unverzichtbar, um das Visualisieren zu üben. **Aber digitales Sketchen hat Vorteile, die Papier und Stift nicht bieten:**

Alles, was man zum Sketchen brauchen könnte, hat man **kompakt** in einem Gerät dabei;

keine laufenden Kosten für Papier und Stifte;

alle nur erdenklichen Farben, Stiftvarianten und Srichstärken sind stets verfügbar;

schnelles Teilen, kein Scannen oder Abfotografieren mehr nötig – und der Hintergrund ist wirklich weiß;

einfache Integration von Fotos und Dokumenten;

Präsentieren per Beamer bei großen Veranstaltungen;

leichtes Korrigieren, Löschen und Repositionieren;

weitere Funktionen wie Aufzeichnen, Arbeiten mit Ebenen zum Beispiel für Vorzeichnungen und Farbebenen.

Lerne deshalb, sowohl mit digitalen als auch mit analogen Tools professionell umzugehen. Denn die Möglichkeiten für digitales Visualisieren auf dem Tablet oder auf dem digitalen Zeichenboard wachsen.

Ich persönlich finde, Visualisierer profitieren von Technikoffenheit und einer Sowohl-als-auch-Lebenseinstellung. Jede ideologische Entweder-oder-Haltung engt unnötig ein. Werkzeuge entwickeln sich aus gutem Grund weiter. Ein effizient arbeitender Handwerker nutzt heute einen Akkuschrauber – und hat trotzdem weiter sein Set an ganz normalen Schraubendrehern in seinem Werkzeugkoffer. Und hoffentlich kann er bestens mit alten und modernen Werkzeugen umgehen.

Deshalb: **Handmade-Visualisieren auf einem digitalen Tool ist toll, einfach und effektiv – wenn du weißt, womit und wie.** Nun zunächst einige Tipps, wenn du mit dem digitalen Sketchen beginnst oder es schon tust:

Welches Tablet, welche Apps?

Wähle ein möglichst großes Tablet. Es kann, das Transporthandling ausgeklammert, nicht groß genug sein. Gerade wenn das Layout komplexer wird und es mehr visuelle Elemente werden, verlierst du sonst schnell den Überblick. Das zeigt sich besonders beim Schreiben: Vor lauter Scrollen und Zoomen tust du dich schwer, die Schriftgrößen zu halten, denn dir fehlt der Vergleich.

Die Qualität des Stiftes: Es gibt große Unterschiede bei digitalen Stiften. Qualitätsmerkmale sind: wie sensibel reagiert der Stift auf Druck; wie präzise und schnell stellt er die Linie genau an der Stelle dar, wo du skizzierst. Ohne Werbung zu machen: Die meisten, die von Visualisierungen leben, nutzen, Stand 2023, ein großes Apple iPad Pro mit dem Apple Pencil. Android-Nutzer schwören auf das Samsung Galaxy Tab mit S Pen.

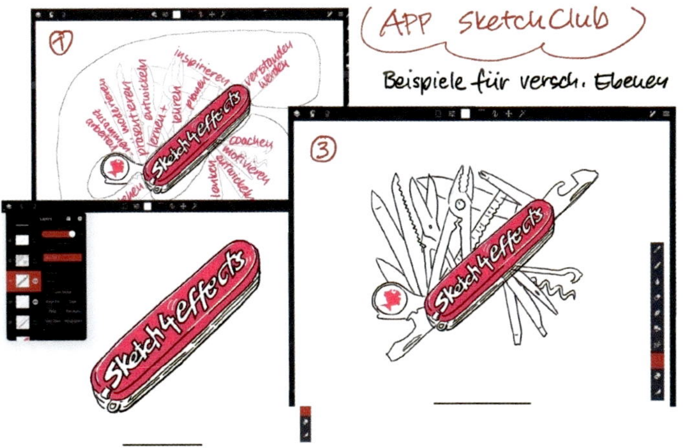

Wähle für dich passende Apps: Das Angebot an Notiz- und Zeichen-Apps für Tablets wächst rasant. Es ist unmöglich, hier den aktuellen Überblick zu behalten. Dazu kommt, nicht alle sind für jeden Zweck geeignet. Beispielsweise sind Apps mit vielen Funktionen und Möglichkeiten für schnelle Notizen kontraproduktiv. Je mehr eine App kann, umso länger wirst du brauchen, sie zu beherrschen. Ich persönlich nutze für schnelle Ad-hoc-Sketches Notability. Wenn ich dagegen mehr Funktionen benötige, wie beispielsweise Ebenen, verschiedenste Pinsel- und Stiftformate, unterschiedliche Dateiformate und Auflösungen, vielfältige Import- und Exportfunktionen (direkt zu Photoshop), eine Video-Aufzeichnungsfunktion und Ähnliches, nutze ich SketchClub oder Adobe-Apps. Denke aber immer daran ...

Jede App, jedes Programm ist nur so gut, wie du es beherrschst. Oft bleibt man bei einer App, selbst wenn es bessere gibt – einfach nur, weil man Routine hat. Nur wenn es etwas viel Besseres geben sollte, lohnen sich der Wechsel und das Einarbeiten in etwas Neues wirklich. Aber bleib trotzdem auf dem Laufenden, informiere dich, was sich Neues entwickelt.

Erste Tipps zum praktischen Einstieg

Das Sketchgefühl auf einer sehr glatten Display-Oberfläche ist ein anderes. Es ist eher wie Glas- oder Porzellanmalerei. Du kannst aber Abhilfe schaffen:

Nutze auf deinem Sketchtablet eine zusätzliche Mattfolie. Die Farben sind dann zwar weniger brillant und die auswechselbare Spitze des Pencils nutzt sich ein klein wenig schneller ab – das stört mich aber nicht. Vor allem auch, weil qualitativ hochwertige Mattfolien weitere Vorteile haben: die weitgehende Reduktion von Spiegelungen, die größere Unempfindlichkeit gegen Fettdapper – und beim Weiterverkauf ist das Display jungfräulich.

Verwende waschbare Zeichenhandschuhe für wenige Euro. Dann gleitet der Handballen viel geschmeidiger und Fettdapper gibt es nicht mehr.

Lerne deine Apps spielerisch kennen. Spielerisch heißt, nicht nur die Funktionen zu üben und Tutorials anzuschauen, sondern auch einfach absichtslos herumzukritzeln und zu schreiben.

Damit gerade Linien gelingen*

So können leicht versch. Sprachfassungen angelegt werden

Vorzeichenebene + Raster

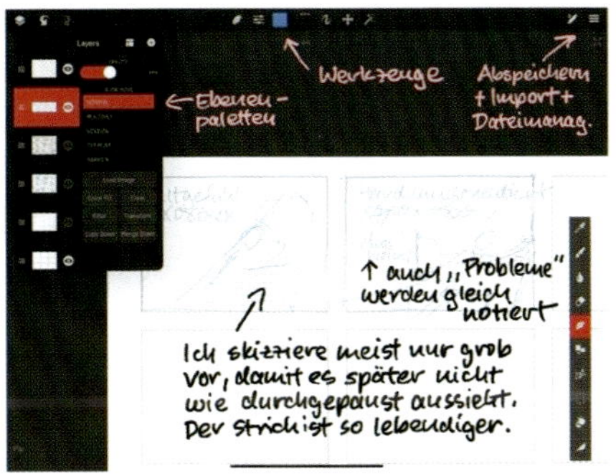

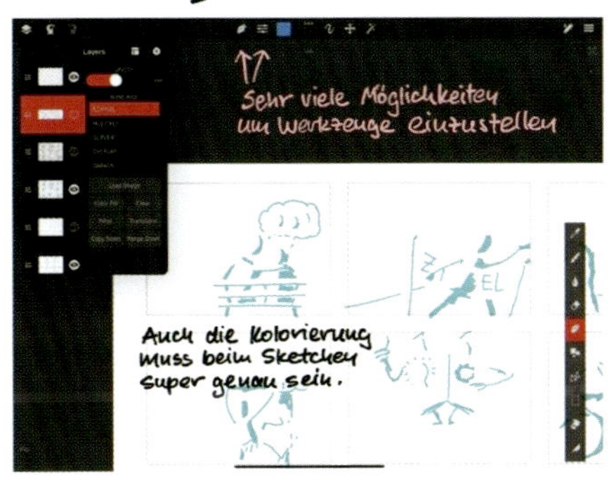

Behalte das ganze Layout im Blick, nicht nur Details. Das ist selbst bei einem Zwölf-Zoll-Display eine Herausforderung – besonders bei komplexen Sketchnotes. Mein Tipp: Zeichne dann deinen Entwurf groß auf Papier mit Bleistift – eventuell sogar in der Größe eines Flipchartbogens. Dann kurz mit dem Handy abfotografieren und in eine Vorzeichnungsebene einspielen. Wird diese Ebene dann im Tonwert beispielsweise auf zehn Prozent Transparenz reduziert, hat man eine gute Grundlage, selbst eine sehr detailreiche Skizze darüber anzulegen.

Packe Text, Zeichnung und Farbe auf verschiedene Ebenen. Ebenen sind unverzichtbar für einen effektiven Workflow. So kannst du Farben testen, mehrsprachige Fassungen anlegen und zerstörungsfrei korrigieren.

Übung 20: Wenn du noch kein Tablet hast – es lohnt sich und macht Visualisieren noch einfacher. Und dann mache dich mit deinem Tablet spielerisch vertraut.

15: Geheimnis LESBARKEIT

Schrift ist wichtig

In diesem Impuls verrate ich dir, selbst wenn du noch ein Handschrift-Legastheniker sein solltest, wie dir ein gut lesbares Schriftbild gelingt. Es lohnt sich. Denn unleserlich zu schreiben ist vergleichbar mit dem undeutlichen, zu leisen Sprechen. Beides kommt nicht gut an. Das Gute aber beim unleserlichen Schreiben: Man kann es viel schneller und einfacher verbessern als seine Sprechgewohnheiten. Mit den Tipps in diesem Impuls findest du die Balance zwischen deiner charaktervollen Künstlerklaue und guter Lesbarkeit. Alle werden es dir danken.

Künstlerklaue 1234 & α ?
VERSAL Groß-Klein Handschrift
Satzschrift Satzschrift

Kleine Zeichen, große Wirkung

Erinnerst du dich? In der Einleitung habe ich vollmundig behauptet: **besseres Visualisieren bedingt bessere Ergebnisse. Leserliches Schreiben auch.** Nun der Beweis dafür: Bei einem Visualisieren-Workshop für Professoren war eine Mathematikerin, übrigens kurz vor dem Ruhestand, dabei. Ihre Einsen waren ähnlich kleinen fliegenden Vögeln. Die Vieren ähnelten ebenfalls Vögeln – fast identisch zu den Einsen, nur etwas schwungvoller.

Als ihr dies beim Schreibenüben deutlich wurde, hat sie nach wahrscheinlich zig Millionen von geschriebenen Einsen und Vieren diese Problemzeichen neu geübt und die Form ihrer Ziffern geändert. Es ist ihr erstaunlich schnell gelungen. Ein Beweis, was alles möglich ist, wenn man es nur möchte.

Einige Wochen später hat sie mich angerufen und sich darüber gefreut, dass ihre Studenten nun scheinbar besser rechnen. Dieses Beispiel zeigt: **bessere Lesbarkeit heißt weniger Fehler und schnelleres Verständnis.**

Tipps für Lesbarkeit

Nimm dir Zeit: Das verbessert deine Schrift sofort. Übe zunächst bewusst langsam – die Geschwindigkeit kommt von allein. Als Visualisierer musst du aber kein Superschnellschreiber noch -zeichner werden. Erinnere dich – Hektik kommt nicht gut an.

Die Hand sollte niemals schneller sein als deine Vorstellung, dein Denken: Stell dir jeden Buchstaben, jedes Wort und besonders eine Wortgruppe vor dem Schreiben vor. Dann machen dein Arm und deine Hand das, was du möchtest. Denk zurück an Konfuzius: In deinem Erinnerungsarchiv, sind die Buchstaben sicher abgespeichert. Lass deshalb dein Hirn die Hand steuern. Auch hier hilft es dir, sich mehr Zeit beim Schreiben zu geben – und schon wird deine Schrift viel lesbarer.

Gleichmäßigkeit – behalte den Überblick: Vielleicht hast auch du das Problem, dass deine Buchstaben und Worte öfter unterschiedlich groß geraten oder sich der Schriftwinkel während des Schreibens verändert? Nutze das gerade Geschriebene als Blaupause für die neuen Worte. Sonst ist es wie beim Stille-Post-Spielen: Wenn du erst nach einer Weile vergleichst, bist du schon zu weit weg von dem Ausgangsschriftbild. Ganz wichtig ist das beim Schreiben auf dem relativ kleinen Tablet-Display. Mit einem leichten Raster auf einer Extra-Ebene gelingt es dir leicht, den Überblick zu behalten. Vor dem Abspeichern blendest du dieses Raster natürlich aus.

Schreibschwung: Zum gleichmäßigen Schreiben hilft neben genügend Zeit der Schreibschwung. Unterbrich deshalb beim Schreiben eines Satzes möglichst nicht. Mach erst danach wieder eine Überlegungspause, wenn nötig. Schreibe auch die einzelnen Buchstaben nicht zittrig langsam – Schwung stabilisiert. Es ist wie beim Fahrradfahren, sehr langsam wird's wacklig. Das merkst du besonders beim Ziehen von Linien.

Groß genug: Das hörst du jetzt zum dritten Mal – weil das ein Grundfehler ist. Denke an die hinterste Reihe. Es gibt aber nicht nur ein »zu klein«, sondern auch ein »zu groß«. Nämlich dann, wenn wir nicht mehr den Satz, sondern nur noch einzelne Buchstaben wahrnehmen. Auch das reduziert die Lesbarkeit. Achte zudem auf eine passende Strichstärke in Bezug zur Buchstabengröße. Mit einem zu fetten Stift kann man nicht zu klein schreiben. Eine zu dünne Strichstärke bei großen Buchstaben wirkt ebenfalls nicht gut. Keine Regel ohne Ausnahme: Spätere Ergänzungen auf einem Flipchart, am besten in einer helleren Farbe, können sehr klein sein. Auf dem Fotoprotokoll ist es später gut lesbar und die Gesamtkomposition wird nicht beeinträchtigt.

Sorge für eine gute Schreibhaltung: Zu oft verrenken sich Visualisierende vor dem Flipchart. Sie stehen links vom Flipchart und meinen, rechts unten mit gestrecktem Arm schreiben zu müssen. Lesbar wird es in dieser verdrehten Haltung nicht. Sie setzen um, was ihnen manche Trainer ans Herz gelegt haben: »Behalte stets deine Gruppe im Blick, drehe ihr nicht den Rücken zu.« Gut gemeint ist oft nicht gut gemacht. Schräg zum Auto stehend wechselt auch kein vernünftiger Monteur die Reifen. Wenn du visualisierst oder schreibst, sorge für eine angenehme, ergonomische Arbeitshaltung. Geh in oder auf die Knie oder nimm einen Hocker, wenn du unten am Blattrand visualisierst. Nur so sind Arm und Hand in einer guten Position, um leserlich zu schreiben. Besonders wichtig ist dieser Tipp für tiefe Schreibflächen, wie beispielsweise eine Metaplanwand. Und keine Angst: Dein Publikum wirst du nicht verlieren. Es schaut gespannt, was du schreibst oder skizzierst.

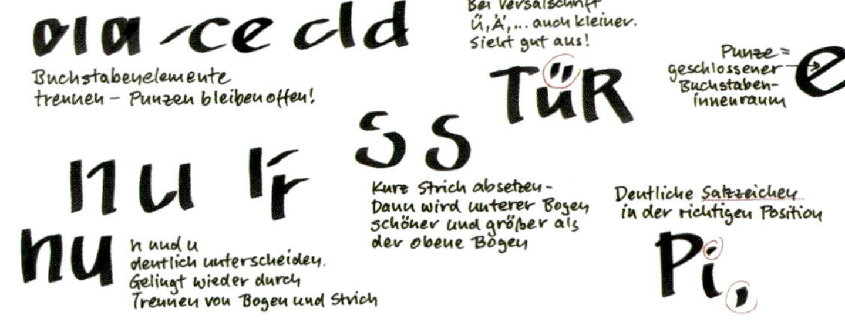

Problembuchstaben, -zahlen und -zeichen erkennen: Die meisten deiner Buchstaben sind klar lesbar. Jeder hat aber ein paar Zeichen, bei denen sich das Üben lohnt. Häufige Problemzeichen sind die Buchstaben mit sogenannten Punzen. Diese dürfen nicht zuschmieren. Auch ähnliche Buchstaben wie u und n sowie Akzente und Satzzeichen verdienen deine Aufmerksamkeit. Gerade i-Punkte sind oft zu dünn und in der falschen Position. Das passiert mir auch oft. Es ist wie beim Instrumentlernen: Übe Problemstellen. Nicht das, das schon gelingt.

Übung 21: Schau dir deine Buchstaben an. Erkennst du deine Sorgenkinder? Übe nur die! Übrigens: Es sind oft je nach Schriftgröße andere.

Fetter Marker Höhe 2 Kästchen

Normaler Marker Höhe 1 Kästchen

AbgÜü

Oberlänge

Mittellänge

Unterlänge

Oberlinie

Mittellinie

Grundlinie

Normaler Marker mit Spitze geschrieben Höhe 2/3 Kästchen

ABCDEFGHIJKLMNO

PQRSTUVWXYZ

abcdefghijklmnopqrstuvwxyz

1234567890

Runde Formen gehen etwas über die Grund- + Mittellinie hinaus

oig

Schreib ordentlich – mache aber keine Schriftkunst!

Buchstaben dürfen etwas tanzen und ungleichmäßig sein

Serifen

Haarlinie

Schmuck Schrift

Schreibe als Brotschrift schmalere Buchstaben mit großer Mittellänge: »Brotschriften« nannten früher die Schriftsetzer Schriften, die besonders gut lesbar sind. Brotschriften werden üblicherweise für längere Texte verwendet. In der Visualisierung wirst du zwar selten lange Texte schreiben müssen – doch eine gut lesbare Brotschrift hilft dir nicht nur bei der Flipchartgestaltung. Im Gegensatz dazu gibt es Schmuckschriften, die auffälliger, aber weniger gut lesbar sind. Nutze deshalb Schmuckschriften, um wenige Worte, wie zum Beispiel Überschriften, besonders hervorzuheben. Mehr dazu im Impuls 24. Schreibe die Buchstaben deiner Brotschrift auch eher schmal, weil du so mehr Worte in einer Zeile unterbringst. Auch große Mittellängen und relativ kurze Ober- und Unterlängen machen Schriften bei gleicher Schriftgröße lesbarer, wie du siehst. Kurze Unterlängen ermöglichen einen geringeren Zeilenabstand und so mehr Worte insgesamt auf der Zeichenfläche.

Schreib- oder Druckschrift, Groß- oder Groß-/Klein-Schreibung: Wenn du nicht eine außerordentlich lesbare Schreibschrift hast, ist Druckschrift besser lesbar. Druckschrift heißt, dass die einzelnen Buchstaben nicht

zu eng
genau richtig
zu weit

zu schmal
Oberlänge zu lang

weniger gut lesbar bei gleichem Platzbedarf
Mittellängen zu kurz

Unterlänge zu lang
zu großer Zeilenabst. nötig

Starke Blockwirkung. Zeilen wirken zusammengehörig

Zeilenabstände haben eine wichtige optische Wirkung* auf die gute oder schlechte Lesbarkeit

* Keine Regel ohne Ausnahme. Die „g"-Unterlänge kann auch als „Raumfüller" genutzt werden.

normal ausgeglichen

Zeilenabstände haben eine wichtige optische Wirkung auf die gute oder schlechte Lesbarkeit

Optimal für Aufzählung – Zeile steht für sich alleine

Zeilenabstände haben eine wichtige optische Wirkung auf die gute oder schlechte Lesbarkeit

verbunden geschrieben sind. Ebenfalls lesbarer ist die Groß-/Klein-Schreibung. Der Grund: Kleinbuchstaben (entwickelt aus einer mittelalterlichen Feder-Handschrift) haben eine größere Formenvarianz und damit eine klarere Unterscheidbarkeit als Großbuchstaben (entstanden aus der römischen Kapitalis, einer einfach zu meißelnden Steinmetzschrift). Nutze Schreibschrift oder Großbuchstaben deshalb besser als Schmuckschrift für Überschriften und wichtige Stichpunkte, damit sie mehr auffallen.

Buchstaben-, Wort- und Zeilenabstände: Auch hier kommt es auf das rechte Maß an. Vermeide Extreme, die auf Kosten der Lesbarkeit gehen. Merke dir einen sehr wichtigen Fakt: Schrift wirkt aus einem nahen Betrachtungsabstand anders als auf größere Entfernung. So wirken Wort-, Zeilen- und Buchstabenabstände aus der Nähe enger. Am besten, du schreibst einige Sätze und gehst dann in die letzte Stuhlreihe. So weißt du, ob es auch für die Teilnehmenden ganz hinten gut aussieht und lesbar ist.

Motorik des ganzen Körpers, der Schulter, des Ellenbogens und des Handgelenks: Je nachdem, ob du eine ganze Wand, ein Flipchart oder einen kleinen Zettel beschreibst, ist deine Motorik eine andere. Je größer die Zeichenfläche, umso mehr muss deine Bewegung aus dem ganzen Körper und der Schulter kommen. Der Ellenbogen bewegt sich nur locker mit. Die Aufgabe der Hand ist nur, den Marker im richtigen Winkel zu halten. Anders verhält es sich beim Schreiben auf einer kleinen Fläche. Hier bewegen sich nur Hand und Finger. Probier's gleich aus. Vielleicht musst du das Schreiben auf großer Fläche noch üben. Erschwerend kommt hinzu, dass Zeichenflächen manchmal senkrecht, mal horizontal, mal geneigt wie beim Flipchart sind. Übe das bei jeder Gelegenheit, die sich dir bietet.

Verschiedene Schreibwerkzeuge: Auch jedes Schreibwerkzeug fordert eine andere Handhabung und entsprechend eine andere Motorik. Das in einem Buch zu beschreiben, ist schwer. Deshalb findest du dazu Erklärvideos im Downloadbereich. Grundsätzlich aber gilt: Mit einer Rundspitze schreibt jeder fast in der gleichen Strichdicke. Deshalb verteile ich gerne Rundspitzen für die Gruppen-

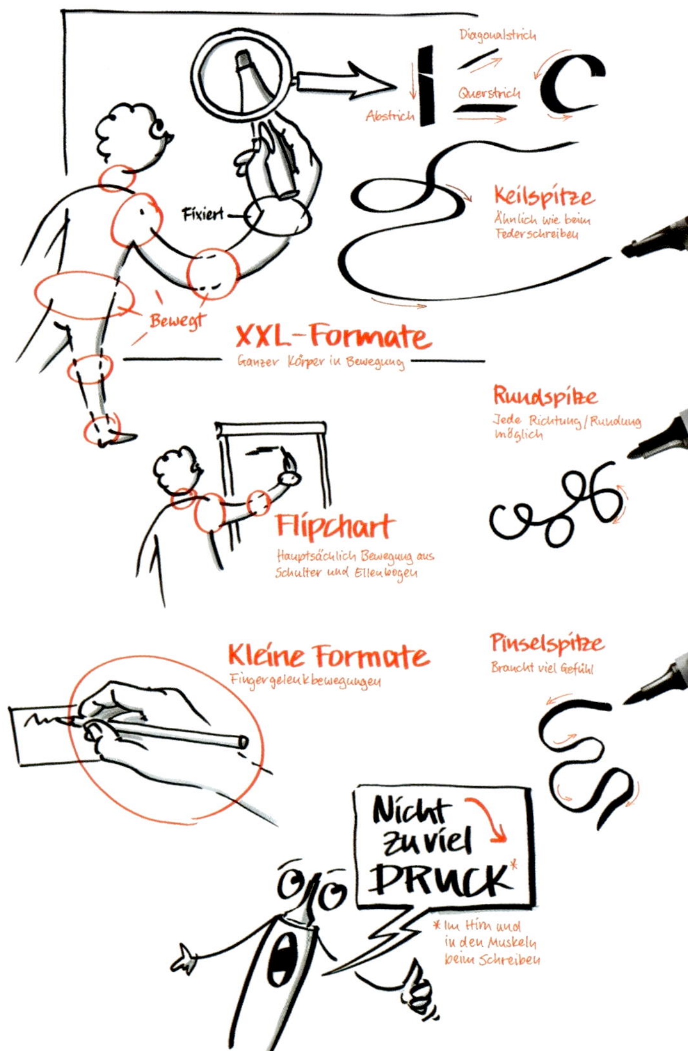

arbeit oder für die Beschriftung eines gemeinsamen Charts. Mit einer Keilspitze dagegen atmet die Schrift und wirkt individueller. Die Strichstärken zwischen Abstrich (breiter) und Querstrich (dünner) sind verschieden. Mit der Keilspitze schreibt man ähnlich wie mit einer Feder: Die Betonung liegt auf der Bewegung von oben nach unten und von links nach rechts, kombiniert mit lockeren, kleinen Bögen. Wichtig für ein gleichmäßiges Schriftbild ist dabei, dass du den Winkel der Keilspitze in der Hand nicht veränderst, also den Marker beim Schreiben nicht drehst. Die sehr variable Pinselschrift ist etwas für Fortgeschrittene und fordert viel Feingefühl. Denn ein Pinsel ist ja eigentlich ein klassisches Malwerkzeug und der Umgang damit fordert entsprechend künstlerisches Geschick.

Links- und Rechtshänder: Für Linkshänder ist das Schreiben völlig anders. Das Verwischproblem führt schon beim Schreibenlernen zu einer anderen Hand- und Papierhaltung. Falls du Linkshänder bist, kannst du es dir leichter machen: Es gibt inzwischen nicht nur Federn und Füller für Linkshänder, sondern auch Marker, die Linkshändern ein schönes Schriftbild ermöglichen.

Unterschiedliche Kulturen: Nicht alle schreiben von links nach rechts und von oben nach unten wie in der lateinischen Schrift. Entsprechend hat dies Einfluss auf die Schreibmotorik, die Auswahl der Schreibwerkzeuge, aber auch auf die Wahrnehmung der Betrachter. Ich finde: Schriftzeichen anderer Kulturen haben zudem eine besondere Ästhetik des Schriftbildes.

Übung 22: Mach dich locker, schreibe Worte und das Alphabet in Groß- und Kleinbuchstaben. Schreibe auch den Beispieltext, bei dem alle Buchstaben vorkommen, sowie Ziffern und Sonderzeichen. Experimentiere: Schreibe aus dem ganzen Körper heraus, nur aus der Schulter und nur mit Hand und Fingern. Fülle ganze Blätter mit Buchstaben, Worten und Zeichen – mit großen und kleinen. Du kannst auch übereinander schreiben, das spart Papier. Variiere dabei mit der Schreibgeschwindigkeit, dem -schwung und übe auf unterschiedlich geneigten Schreibflächen. Übrigens: Klebe das Flipchartpapier auf eine Tür, wenn du keinen Flipchartständer hast.

16: AUFZUGfahren oder BARhocken

Didaktische Reduktion tut not!

Nach dem letzten, recht langen Impuls nun ein kürzerer, aber genauso wichtiger.

Je mehr du über ein Thema weißt, umso eher gehst du zu stark in die Tiefe und in die Breite. Behalte deshalb stets dein Haupt-Kommunikationsziel im Blick. Was ist das wirklich Wesentliche? Mache es gleich praktisch konkret an einem dich betreffenden Thema:

Übung 23: Denke an ein Problem, das gelöst werden muss. Überlege und beantworte dir folgende Frage: Welche (nur eine) Botschaft ist nötig, damit deine Zielgruppe ins Handeln kommt, beziehungsweise Lust auf dafür notwendige Meh-Information bekommt? Denn nur Handeln löst Probleme und verändert wirklich (d)eine Situation.

Du kennst die Methode des Elevator Pitch? Hier geht es darum, seine Botschaft so zu verdichten und verkürzen, dass diese selbst während einer Aufzugfahrt prägnant rübergebracht werden kann. Das gelingt dir am besten, wenn es dir selbst in dieser kurzen Zeit gelingt, ein wichtiges Bedürfnis deines Gegenübers emotional anzusprechen. Bedürfnisse sind Motivatoren unseres Handelns. Oder bildhaft ausgedrückt: Impfe die Botschaft wie einen Samen in Sekundenschnelle ein. In dem Vertrauen, dass ein Same von allein keimt und wächst.

Ganz anders ist die Situation, wenn du mit einem gesprächsbereiten Gegenüber in angenehmer Open-End-Stimmung an der Bar hockst. Hier hast du im Vergleich zum Aufzugfahren meist alle Zeit der Welt, das Gespräch entwickeln zu lassen und gedankliche Umwege zu gehen.

Als Visualisierer bist du meist zwischen diesen zwei Polen der Kommunikation unterwegs. Trotzdem wirst du immer davon profitieren, wenn du mit einer einzigen starken visuellen Botschaft sofort die Aufmerksamkeit gewinnen kannst. Gerade visuelle Botschaft-Samen sind besonders eindrücklich.

So eine reduzierte visuelle Botschaft nennt man auch Schlüsselbild oder Key Visual. Es inspiriert, bringt die Botschaft auf den Punkt und dient als Gedächtnisanker. In Level 3 wirst du dazu noch mehr erfahren.

Vielleicht kommt nun dein Aber: »Die meisten Themen sind so komplex, dass sie nicht intelligent vereinfacht werden können.« Richtig! Aber das Schlüsselbild soll nur die Eigenmotivation der Zielgruppe wecken, tiefer ins Thema einzusteigen. Wenn dir das gelingt, hast du deine Zielgruppe schon bewegt. Versetze dich in deine Zielgruppe. Wie lange wird das Schlüsselbild beziehungsweise das Thema im Gedächtnis bleiben: einen Tag, eine Woche, ein Jahr, bis ans Lebensende?

Übung 24: Fasse deine Botschaft von Übung 23 in einem Schlüsselbild auf der Haftnotiz links zusammen. Stelle dir vor, dass du zum Schluss deines Elevator Pitch diese Haftnotiz überreichst. Als Beispiel siehst du mein Schlüsselbild zum Thema: »Problembewusstsein durch Schlüsselbilder«.

17: Prinzipien für gutes LAYOUT

Die Gestaltgesetze – dein praktisches Werkzeug für ein besseres Layout

Selbst wenn ich nur wenig Zeit in einem Workshop oder in einer Lehrveranstaltung habe: Die folgenden Regeln für gutes Layout werden nicht fehlen. **Diese Gestaltgesetze sind universell und gelten unabhängig von individuellen Erfahrungen oder kulturellen Hintergründen.** Denn diese Gestaltgesetze sind nicht Regeln des guten Geschmacks oder der Ästhetik, sondern Teil unserer angeborenen kognitiven Strukturen. Nicht umsonst spielen sie seit ihrer Entdeckung vor inzwischen über hundert Jahren noch immer eine entscheidende Rolle im Design, in der Kunst und visuellen Kommunikation. Ja, und sie heißen Gestaltgesetze und nicht Gestaltungsgesetze.

Etwas wissenschaftlicher Hintergrund vorweg: Die Gestaltpsychologen, darunter Max Wertheimer, Wolfgang Köhler und Kurt Koffka, untersuchten Anfang des zwanzigsten Jahrhunderts empirisch, wie visuelle Reize wahrgenommen, organisiert und interpretiert werden. Sie entdeckten, dass dabei unserem Gehirn eine aktive Rolle zukommt. **Wahrnehmung ist Kopfarbeit! Genauso wie Visualisieren.**

Nutze die folgende Auswahl von dreizehn der wichtigsten Gestaltgesetze und präge sie dir gut ein. Sie werden deine Layouts beim Visualisieren sofort verbessern.

Gesetz der Erfahrung: Bekannte Muster und Formen werden bevorzugt wahrgenommen, erkannt und verstanden.

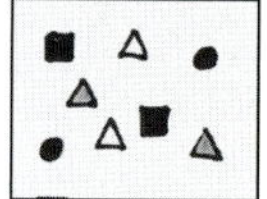

Gesetz der Ähnlichkeit: Elemente, die sich in Form, Farbe oder Größe ähneln, werden als zusammengehörig betrachtet. Egal welche Form oder Farbe sie haben.

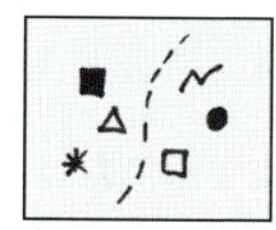

Gesetz der gemeinsamen Region: Elemente, die sich innerhalb einer abgegrenzten Region befinden, werden als zusammengehörig betrachtet.

Gesetz der Geschlossenheit: Wir vervollständigen in Gedanken unvollständige oder lückenhafte Formen automatisch zu schlüssigen, geschlossenen Formen.

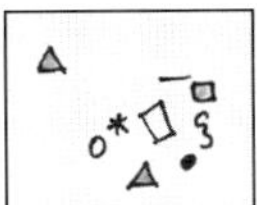

Gesetz der Isolation: Ein einzelnes Element, das sich deutlich von seiner Umgebung abhebt, wird besonders wahrgenommen und fokussiert.

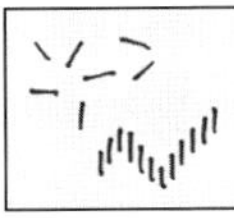

Gesetz der Kontinuität: Elemente, die auf eine kontinuierliche Linie oder Kurve hinweisen, werden als zusammengehörig interpretiert.

Gesetz der Figur-Grund-Wahrnehmung: Wir trennen Vorder- und Hintergrund. Dabei wird der Vordergrund dominanter und deutlicher wahrgenommen.

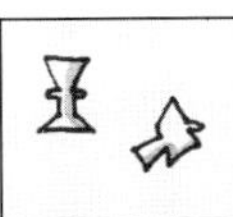

Gesetz der Symmetrie: Symmetrische Elemente werden als zusammengehörig und harmonisch wahrgenommen.

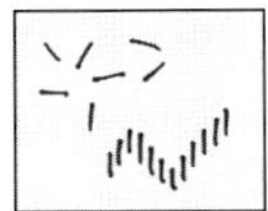

Gesetz der Fortsetzung: Wir verfolgen Linien oder Muster und nehmen sie als zusammengehörig wahr, auch wenn sie von anderen Elementen unterbrochen werden.

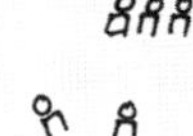

Gesetz des gemeinsamen Schicksals: Elemente, die sich in die gleiche Richtung bewegen, werden als zusammengehörig betrachtet.

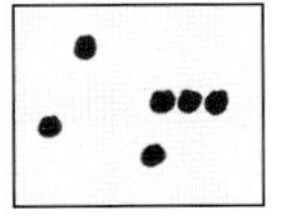

Gesetz der Nähe: Elemente, die räumlich nahe beieinanderliegen, werden als zusammengehörig wahrgenommen. Ganz wichtig ist das auch für die Lesbarkeit.

Gesetz der Prägnanz: Einfache Formen, bei denen die Gestalt am klarsten ist, werden besser wahrgenommen.

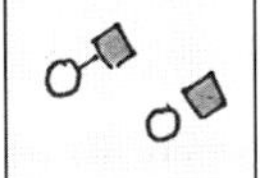

Gesetz der Verbindung: Elemente, die verbunden sind, werden als eine Einheit betrachtet. Dieses Verbinden und Verschmelzen ist eine Schlüsselbildtechnik.

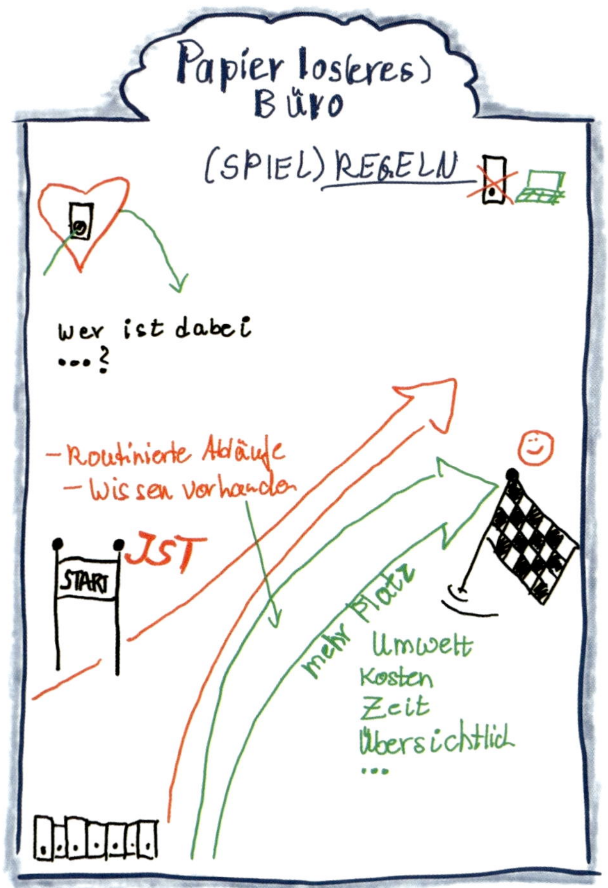

Die Regeln in der Praxis

Links siehst du eine Teilnehmer-Sketchnote, die im Rahmen eines Workshops entstanden ist. Ziel war es, ein anstehendes Thema mithilfe einer Visualisierung innerhalb von nur zehn Minuten mit der Gruppe gemeinsam zu erarbeiten. Der Leerraum des Plakates wurde während der Diskussion gefüllt. Es gab hervorragendes Feedback, zu Recht. Da die Vorbereitungszeit für diese Präsentation kurz war und die Visualisierung nach nur einem halben Tag Workshop entstanden ist, wurden natürlich einige Gestaltgesetze gebrochen. Wie diese Visualisierung optimiert werden kann, zeige ich dir im nächsten Impuls. So erkennst du, wie du mit wenig Aufwand deine Sketches noch klarer und verständlicher machen kannst.

Übung 25: Überlege jetzt, wie du dieses Plakat optimieren würdest. Vielleicht beginnt das schon beim Format. Nutze für deine Fassung möglichst ähnliche Symbole und Farben und ergänze Figuren – denn ob die Digitalisierung gelingt, hängt von Menschen ab.

18: SHIT HAPPENS – gut so

Visualisieren ist gelebte Fehlerkultur

Wie beurteilst du deine Fehler? Das ist eine wichtige Frage für alle, die visualisieren. Man verschreibt sich, oder der Platz reicht nicht. Man kommt in Hektik und Zeitnot, weil man langsamer ist als gedacht. Oder der Marker kleckst oder wird immer schwächer. Gerade beim Live-Visualisieren, beim Visualisieren ohne Netz und Vorzeichnung passieren solche Dinge. Jedem und jeder. Und dann kommt noch der eigene Anspruch dazu. Und manchmal hat man einfach einen schlechteren Tag oder die bessere Idee kommt erst, wenn die Sketchnote fertig ist. Klar, Fehler nerven. Und man sollte nicht zu oft die gleichen Fehler machen. Aber sie haben auch etwas Gutes:

Menschlichkeit: Sie machen dich menschlich nahbar.

Dazulernen: Durch Fehler, vor allem in der Praxis, gewinnst du wichtige Erfahrungen und Erkenntnisse.

Kreativität und neue Wege: Oft führen Fehler dazu, dass du alternative oder unkonventionelle Ansätze ausprobierst. Gerade Rettungsversuche an einer Sketchnote bringen dich auf neue unkonventionelle Ideen.

Problemlösungskompetenz- und Flexibilitätstraining: Fehler müssen zunächst erkannt werden, je schneller, umso besser. Und dann sind Lösungen gefragt. Fehler zwingen dich, flexibel zu reagieren. Du lernst, Pläne zu ändern und alternative Lösungen zu finden.

Resilienz und Selbstvertrauen: Fehler machen und trotzdem weitermachen trainiert deine Nehmerfähigkeiten und dein Aufstehvermögen. Sturmerprobt wird man nicht auf dem sonnigen Ponyhof.

Es ist ganz normal und sogar wichtig, dass gerade Ad-hoc-Visualisierungen für gelebte Fehlerkultur stehen. Gerade das nicht Fertige, das immer noch Optimierbare schafft den notwendigen Raum für lebendigen Austausch und das Ringen um eine bessere Lösung. So ist auch die Verbesserung des nebenstehenden Teilnehmerplakates auf der nächsten Seite nur eine mögliche Anregung …

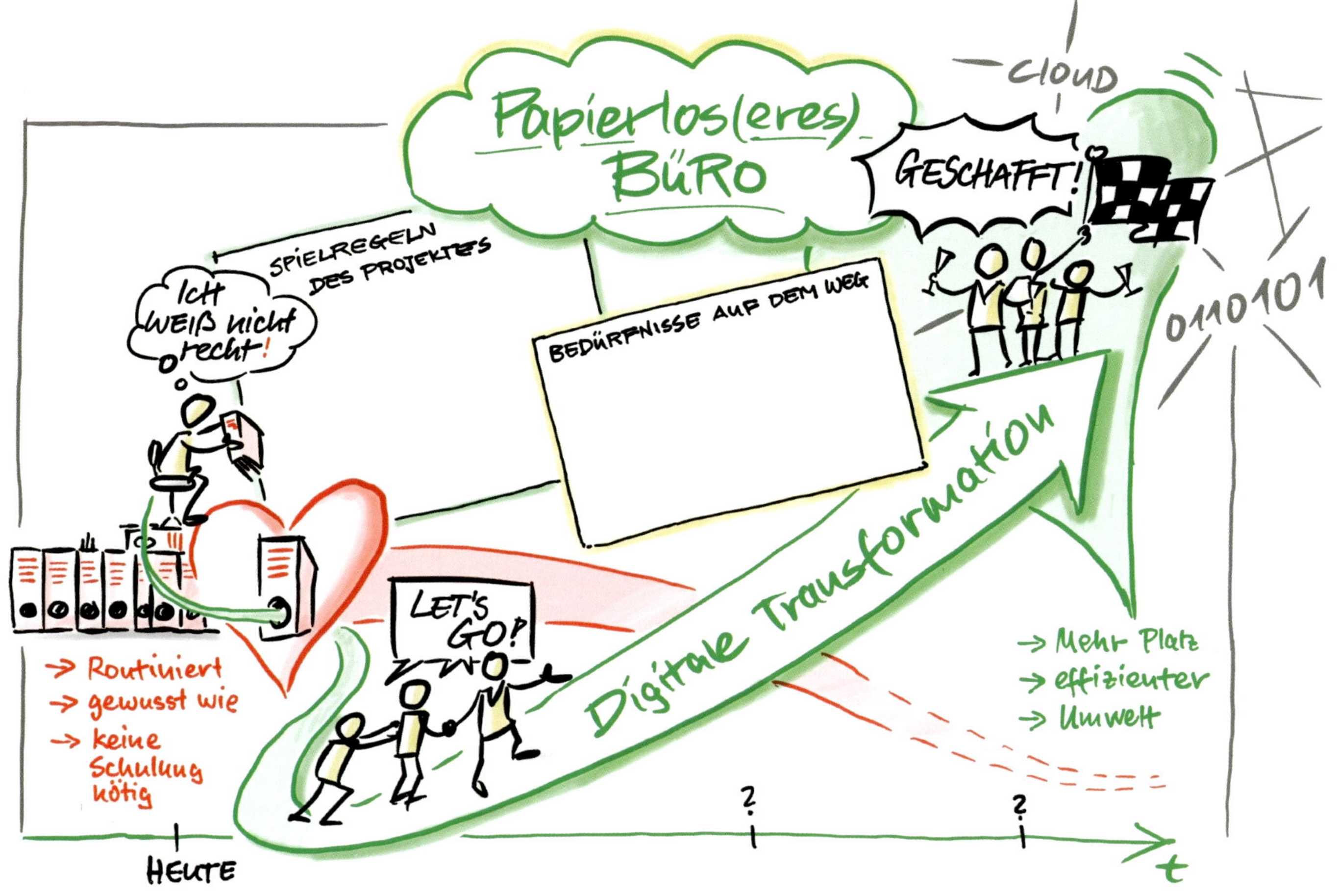

Papierlos(eres) Büro
CLOUD
GESCHAFFT!
0110101
SPIELREGELN DES PROJEKTES
Ich weiß nicht recht!
BEDÜRFNISSE AUF DEM WEG
LET'S GO!
Digitale Transformation
→ Routiniert
→ gewusst wie
→ keine Schulung nötig
→ Mehr Platz
→ effizienter
→ Umwelt
HEUTE
?
?
t

Das Querformat bietet sich für die Darstellung eines Prozesses, eines Weges meist besser an. Du hast einfach mehr Platz.

Gesetz der Ähnlichkeit: Die Farben sowie die Schriftarten- und -größen sind noch klarer als beim Ausgangsplakat den einzelnen Aspekten zugeordnet.

Gesetz der Figur-Grund-Wahrnehmung: Die 3-D-Effekte werden gezielt eingesetzt, um den Ziel-Zustand prägnanter hervorzuheben.

Gesetz der Symmetrie: Das Herz ist auch durch die Symmetrie ein starkes Symbol.

Gesetz der gemeinsamen Region: Der Ist- sowie der Sollzustand sind klar auf einen Bereich konzentriert.

Gesetz der Geschlossenheit: Das grüne Herz ist nur rudimentär dargestellt. Es wird trotzdem als Herz erkannt.

Gesetz der Fortsetzung: Der rote Pfeil wird als Einheit wahrgenommen, obwohl er durchschnitten wird.

Gesetz der Erfahrung: Die tolle Ursprungsidee, dass der Weg zur Veränderung über das Herz geht, ist nochmal bei dem Ziel-Zustand aufgegriffen. Das Herz schlägt für die Veränderung sogar noch stärker, weil größer.

Gesetz des gemeinsamen Schicksals: Das Team macht sich gemeinsam auf den Weg.

Gesetz der Isolation: Die Felder zum Beschriften während der Diskussion wirken durch ihren Leerraum.

Gesetz der Nähe: Die Vorteilsaufzählung ist so notiert, dass die Zeilen weder auseinanderfallen noch zu weit voneinander entfernt sind. Beim Ausgangsplakat ist zum Beispiel das Herz zu dicht am Rand – es hat also mehr Bezug zum Rand als zu den Elementen der Hauptstory.

Weiter oben Platziertes ist wichtiger: Überschrift, Ziel-Zustand, das Geschafft in der Sprechblase.

Übung 26: Einfach nur verstehen.

19: Mit Bildern STORYS erzählen

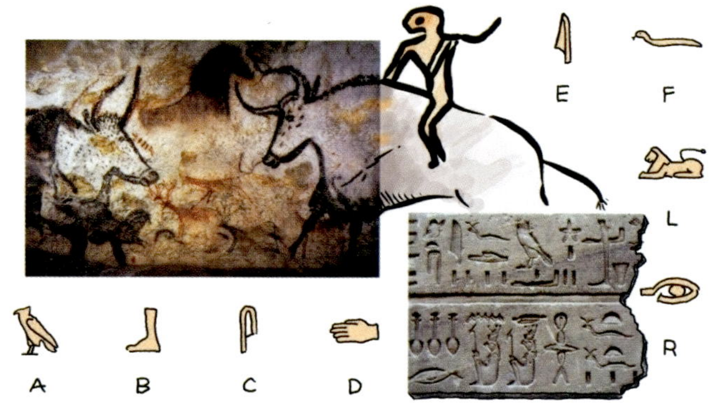

Menschen und Bildergeschichten – untrennbar miteinander verbunden

Visuelles Storytelling liegt im Trend – und hat eine schon lange Geschichte. Zunächst einige Beispiele, die sich auf unsere europäischen kulturellen Wurzeln beziehen. Es sind Beispiele, wie Bilder genutzt wurden, um Geschichten fesselnd zu erzählen und Ereignisse und Informationen merkfähig festzuhalten und zu vermitteln.

Lass dich von der Vergangenheit inspirieren, um heute visuell originelle Storys zu erzählen, die nicht jeder erzählt.

Älter als 13 000 vor Christus: Schon die Höhlenmalereien in Lascaux in Frankreich oder Altamira in Spanien erzählen Geschichten über das Leben und die Jagd der prähistorischen Menschen. Sie sind zugleich ein anschauliches Beispiel für Vereinfachung von Formen und für den dezenten und ästhetischen Einsatz von Farbe.

Circa 3200 vor bis 400 nach Christus: Die Hieroglyphen der alten Ägypter waren ursprünglich eine reine Bilderschrift (Ideogramme, Bildzeichen). Diese Schrift entwickelte sich weiter, indem recht bald Lautzeichen (Phonogramme) und Deutzeichen (Determinative) integriert wurden. Deutzeichen sind Zusätze, die die Bedeutung des Wortes präzisieren, klassifizieren oder verändern. Diese Deutzeichen nutzen wir ebenso beim Sketchnoten. Denke beispielsweise an Effektlinien für Geschwindigkeit oder Wärme.

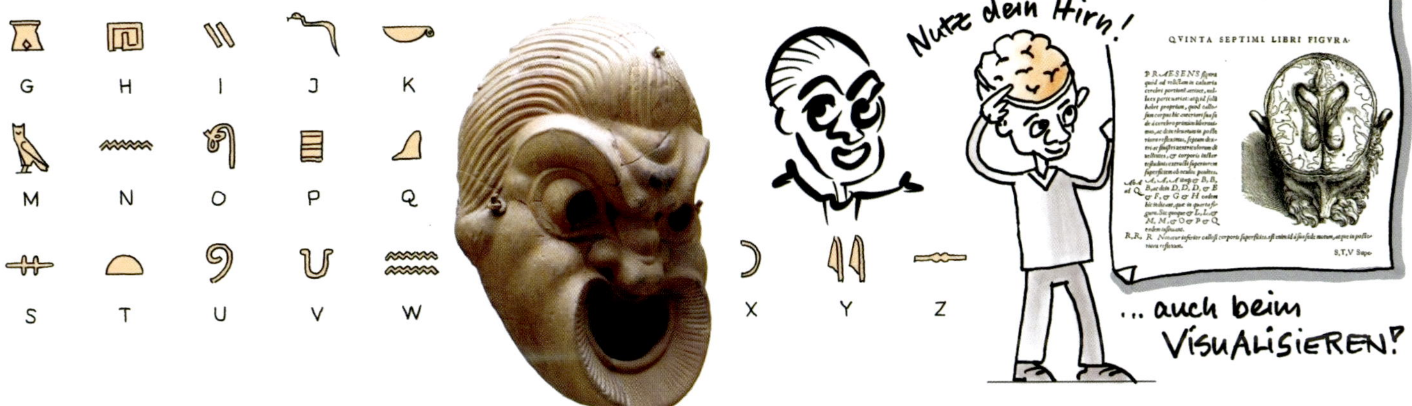

Griechische und römische Antike: Storytelling war allgegenwärtig auf Vasen, Wänden und Böden. Die ausdrucksstarken Tragödienmasken des griechischen Theaters nehmen schon den reduzierten Stimmungsausdruck eines Emojis vorweg. Auch die Beliebtheit von Mosaiken hat einen Bezug zum heutigen Sketchnoten – die notwendige Vereinfachung der Formen.

Mittelalter und Renaissance: Fast alle Kunstformen waren vom visuellen Geschichtenerzählen geprägt: Wand- und Deckengemälde, Wandteppiche, Kirchenportale und Kirchenfenster erzählen Storys. Interessant sind auch die einfachen Bilder der Bänkelsänger in Flipchartgröße. Hier verbindet sich Bild mit dramatischem Vortrag. In der Buchillustration verbindet sich Text mit Bild. Die ersten anatomischen Erklärgrafiken entstanden. Diese waren sogar zum besseren Verständnis schon in Ebenen angelegt. Und die Erfindung des kerzenbeleuchteten Projektors, die Laterna magica, war eine Sensation und füllte Fürstensäle und Wirtshäuser.

Neuzeit: Visuelles Storytelling wird noch präsenter. Bildergeschichten in Zeitungen, Magazinen und auf Flugblättern finden großen Anklang. Bildkommunikation und -reproduktion werden immer einfacher und preiswerter. Auflagenstarke Massenmedien kommen auf – ein notwendiger Kanal für die Reklame und Werbung. Immer stärker wird die Kraft des visuellen Storytellings zur Einflussnahme und zum Geldverdienen genutzt. Ein Meilenstein war das Aufkommen der Fotografie und des Films. Gerade der Film wurde zum Massenmedium des visuellen Storytellings. Und dann kam in den Neunzigern das Internet und 2007 das Smartphone auf …

Heute und Zukunft: Allein heute werden mehr Bilder und Videos produziert und visuelle Storys erzählt als im ganzen Jahr 2000 insgesamt – Tendenz exponentiell steigend. Alles konkurriert miteinander, giert um unsere Aufmerksamkeit. Das ist auch anstrengend. Unsere Welt ist heute lauter, greller, schneller, vielfältiger, bunter. Die wichtige Frage lautet deshalb für dich:

Welche visuelle Story musst du wie und in welcher Form, wann und wo erzählen, damit du deine Zielgruppe erreichst und bewegst – trotz des Informationstsunamis? Gerade das Weniger-ist-mehr, das Inspirierende kommt an.

Wie erzähle ich eine spannende visuelle Story, die ankommt?

Visuelle Sinnesreize wecken, wie alle Sinneseindrücke, Aufmerksamkeit. Vereinfacht gilt: je stärker der Reiz, desto stärker die Wirkung. Ein greller Lichtblitz mit Donner, eine Blendgranate, wird weder übersehen noch überhört. Aber wecke ich damit positive Emotion, erzähle ich eine Story, wecke ich die Bereitschaft zu denken? Nein. Deshalb nun einige Aspekte für eine einprägsame visuelle Story:

Sorge für eine klare, dramatische Struktur

Visuelles Storytelling folgt einer klaren Struktur. Sagt dir die Grundstruktur für eine spannende Story, die sogenannte Heldenreise, etwas? Dieses Erzählmuster findet sich schon im ersten, über dreitausend Jahre alten Epos, dem »Gilgamesh«, genauso wie in heutigen Hollywood-Blockbustern. Ebenso macht die Grundstruktur der Heldenreise Erklärfilme, Dokumentationen, Bücher, Spiele und sogar einfachste Strichmännchen-Schlangen-Sketchnotes wie auf Seite 42 spannend.

Vereinfacht auf drei Phasen verläuft jede Held(inn)en-Story so. Ausführliches über die Heldenreise findest du im Downloadbereich:

Phase 1: Der Protagonist wird aus seinem gewohnten Alltag gerissen. Er hat ein Problem zu lösen und eine Aufgabe zu erfüllen. Er folgt, oft widerwillig, dem Ruf des Abenteuers.

Phase 2: Auf seinem Weg muss der Protagonist Prüfungen, Herausforderungen und Begegnungen mit Verbündeten und Feinden bewältigen. Das lässt ihn körperlich und geistig wachsen.

Phase 3: Nachdem der Protagonist seine Reise erfolgreich absolviert hat, kehrt er mit neuen Fähigkeiten, Erkenntnissen oder einem besonderen Schatz zurück in seine gewohnte Welt. Er bringt positive Veränderungen in seine alte Welt, die er mit anderen sogar teilen kann.

So eine Geschichte spricht viele Menschen an, unabhängig von ihrer Herkunft. Besonders dann, wenn die Story auf die eigene Lebenssituation passt.

Auch folgende Faktoren verbessern deine Story. Merke sie dir und wende sie an.

Einfachheit und Klarheit:
Erzähle deine visuelle Geschichte so, dass sie auch ein Kind versteht – dann versteht es jeder. Reduziere Komplexität intelligent. Du erinnerst dich: »Mach es einfach, aber nicht zu einfach«. Vermeide völlig überladene Darstellungen, die die Kernbotschaft verwässern.

Hab deine Zielgruppe vor Augen:
Stelle dir deine Zielgruppe als echte Person vor. So wird die Geschichte spannend, relevant und ansprechend. Hier helfen dir auch die Fragen, um den Quadranten 2 zu schärfen.

Relevanz der Bilder:
Wähle deine Bilder und visuellen Elemente sorgfältig aus. Stelle sicher, dass sie die gewünschten Assoziationen wecken und zur Story passen. Vermeide den Einsatz von Bildern, die verwirrend, widersprüchlich oder irrelevant für den Kontext der Story sind. Das Rekapitulieren des Quadranten 4 hilft dir, relevante Bilder zu finden.

Baue eine emotionale Verbindung auf:
Visuelles Storytelling ruft Emotionen hervor, da Bilder emotionaler wirken als reiner Text. Je mehr Emotion, umso stärker haftet sie im Gedächtnis.

Nutze die Kraft der Symbolik:
Visuelles Storytelling lebt von Symbolen und Metaphern. Ein Symbol oder eine Metapher schafft einen einfachen Bezug zu komplexen Sachverhalten. Das hast du schon mit der *5×9-MATRIX-Methode* kennengelernt, um zum Beispiel abstrakte Dinge wie Mut darzustellen.

Achte auf eine einheitliche visuelle Gestaltung:
Den Wert eines einheitlichen Gestaltungsbildes kennt man nicht nur aus der Unternehmenskommunikation. Mit einer einheitlichen CI (Corporate Identity) sorgst du für bessere Wiedererkennung, mehr Klarheit. CI heißt in der Visualisierung, Farben und Schriften auszuwählen, die zum Auftraggeber oder Thema passen. Diese Einheitlichkeit erleichtert die Identifikation mit dem Sketch.

Überprüfe, ob deine Story originell ist:
Neugierde und Interesse werden durch Neues ausgelöst.

Übung 27: Visualisiere eine visuelle Story zum Thema »Flipchart vs. PowerPoint«, am besten im Querformat. Du findest nebenstehend nun zehn visuelle Symbole. Baue diese in deine Geschichte ein. Konzentriere dich beim Layout auf die drei Phasen einer guten Story. Du musst keine selbsterklärende Bildergeschichte visualisieren, die Story muss (nur) im Rahmen einer Präsentation funktionieren. Mach's nicht zu komplex. Die drei Protagonisten und die Gruppe kannst du natürlich mehrfach auch in einer anderen Haltung, Farbe und Szenerie darstellen. Vielleicht hilft dir dabei auch der Impuls zur Fantasie in Level 1 auf Seite 30 weiter.

Je öfter du solche Übungen machst, umso schneller wird dir das Storytelling gelingen. Gerade die Reduktion auf wenige Elemente und die Hauptphasen einer guten Geschichte werden dir dabei helfen.

Übrigens findest du im Downloadbereich auch eine ausführliche Beschreibung zum Storytelling. Hier werden die einzelnen drei Phasen noch mal ausführlich erklärt.

DEINE ZUTATEN

Verändere die Symbole, wie du sie für deine Story benötigst.

Verwende max. 3 Farben, wie im Beispiel gezeigt. Benutze sie so, dass damit deine Story klarer wird.

Zzzz

POWERPOINT

20: Drei FLÜGEL für mehr WIRKUNG

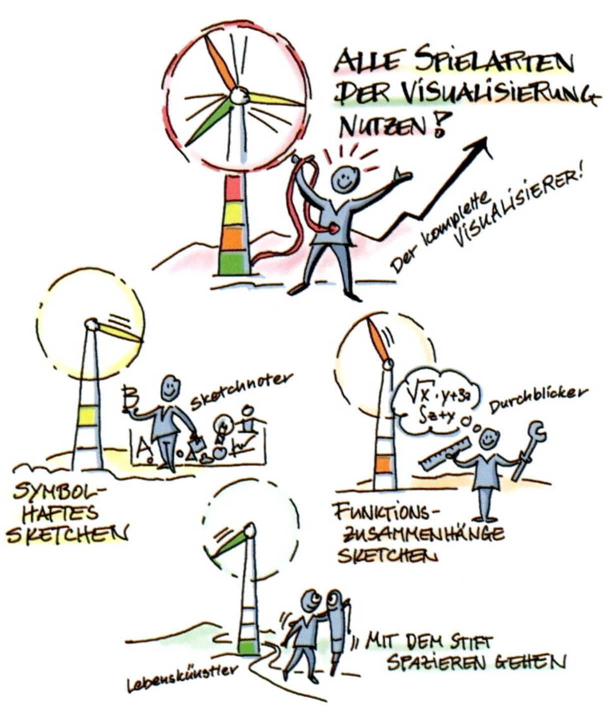

Symbolhaftes Sketchen

Mit einfachen visuellen Elementen Geschichten erzählen, Informationen vermitteln, Gedanken sichtbar machen.

Diese Spielart, das Sketchnoting & Co, stand bisher im Fokus dieses Workbooks. Fast alle Bücher zum Sketchnoten konzentrieren sich auf diese Spielart. Es ist eine Form der Visualisierung, bei der Einfachheit, Klarheit und Eindrücklichkeit wichtige Faktoren sind. Du trainierst mit dieser Spielart des Sketchens deine Fähigkeit, zu vereinfachen, zu abstrahieren, Komplexes einfach darzustellen, visuelle Metaphern zu (er-)finden und dich visuell schnell und ad hoc auszudrücken, und vieles mehr. Je öfter du das tust, umso größer wird dein visueller Wortschatz und umso klarer werden deine Layouts.

Der Blick in die Vergangenheit aber zeigt, dass diese Form der Visualisierung und des einfachen Sketchnotens sich so richtig erst in den Neunzigerjahren des letzten Jahrhunderts entwickelt hat. Das passt mit dem Aufkommen von Piktogrammen und Icons zusammen.

Funktionszusammenhänge sketchen

Ein möglichst realistisches, funktionsgetreues Bild von etwas erstellen – für tiefes Verständnis.

Denke an den Impuls 19 und die Bilddarstellungen der Renaissance. Je realistischer die anatomischen Abbildungen oder Landkarten waren, umso nützlicher waren sie. Die Abbildung, als möglichst genaues Abbild der Realität, hat heute noch einen genauso hohen Wert. Auch wenn wir dafür fast immer nur noch den Computer oder die Kamera und nicht den Stift nutzen. Was hast du davon, wenn du an diese Tradition anknüpfst und diese Fähigkeiten trainierst? Sehr viel! Denn du wirst mit Auge, Verstand und Stift die Welt besser verstehen. Egal, welchen Beruf du ausübst oder was dich interessiert. Ich stelle zunächst folgende Behauptungen auf:

Alles, was du verstanden hast,
kannst du visuell darstellen.

Die Grenzen deiner Darstellungsfähigkeiten
zeigen dir die Grenzen deines Verständnisses.

Visualisieren mit dieser Zielrichtung vergrößert dein Verständnis von Dingen, Menschen, der Welt im Großen und Ganzen – gerade auch von Details. Das wird dir mit der nächsten Übung klar werden:

Übung 28: Du hast sicher schon häufig Kräne gesehen. Skizziere jetzt möglichst genau einen Baustellenkran. Vielleicht merkst du schon beim Überlegen, dass es verschiedene Kräne gibt. Hafenkräne unterscheiden sich von Baustellenkränen. Nicht nur die Größe ist unterschiedlich, sondern auch die Form und Funktionsweise. Frage dich beim Sketchen beispielsweise: *Wie kann er bedient werden? Wie transportiert? Wie angetrieben?* Wichtig dabei: Sketche zunächst nur aus deinem Gedächtnis. Bilder googeln kommt später.

Ein Tipp: Denke an die notwendigen Elemente, aus denen sich ein Kran zusammensetzt. Bei der Kastenfigur sind es Beine, Füße, Körper, Arm, Hand und Kopf. Welche Teile hat ein Kran?

Diese Übung ist auch eine spannende Gruppenübung: Als Beweis dafür, dass gemeinsames visuelles Erkunden bessere Ergebnisse bringt – und, dass es einfacher ist, etwas als falsch zu erkennen, als selbst zu wissen, was richtig wäre. Demut bezüglich seiner vermeintlichen Allwissenheit, tut gerade in Diskussionen gut.

Übung 29: Jetzt googelst du diesen Krantyp. Du wirst bemerken, dass es selbst für einen Baustellenkran viele Varianten gibt. Nutze diese Abbildungen, um dein Kranbild zu verbessern – sodass der Kran prinzipiell funktioniert. Es kommt nicht auf Details an. Konzentriere dich auf die Hauptelemente.

Indem du dir etwas zeichnerisch realistisch-funktionell erschließt, lernst du effektiv und nachhaltig mit Tiefgang.

Zugleich wird dir klar, wie wenig du wirklich von der Welt verstehst und wie wenig Dinge du dir gemerkt hast.

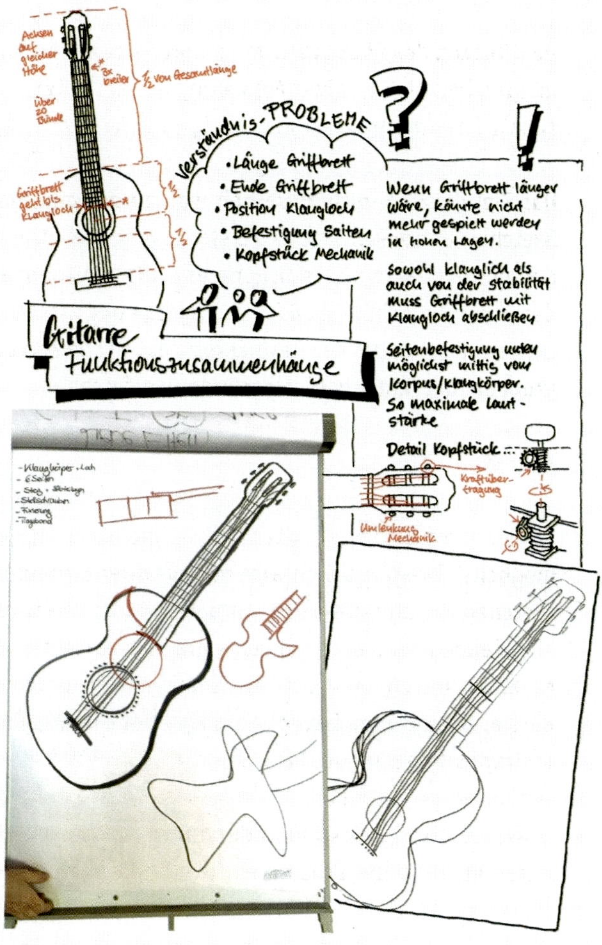

Den Nutzen des Sketchens von Funktionszusammenhängen habe ich in einer Forschungsarbeit untersucht. Das Ergebnis war eindeutig positiv.

Das Ziel dieser Forschungsarbeit war, zu belegen, dass Sketchen auf diese Art das Verstehen und Memorieren deutlich verbessert. Die Gruppe mit über 140 Probanden zwischen acht und 76 Jahren bildete bewusst einen breiten Querschnitt der Bevölkerung ab, um alle Altersgruppen und Bildungshintergründe zu erfassen.

Zum Studiendesign:

In der Präsenzphase sollten alle Teilnehmenden eine möglichst funktionelle Gitarre nur aus ihrer Erinnerung sketchen (keine E-Gitarre!). Hier waren nur 12 Prozent aller Teilnehmenden in der Lage, die Gitarre richtig und funktionsgerecht zu skizzieren. Spannend war unter anderem: Selbst Gitarristen waren Funktionsdetails ihres Instrumente nicht klar. Faktoren für die Richtigkeit waren unter anderem Position des Klanglochs, Länge des Griffbretts und Befestigung der Saiten. In der zweiten Phase konnten die Probanden, wie du bei der Übung, googeln und so eine korrekte Vorstellung des Instruments entwickeln. Übrigens hat es wenig zum Verständnis beigetragen, wenn die Teilnehmenden im Vorfeld für zwei Minuten das Foto einer Gitarre anschauen durften.

In zwei späteren Online-Meetings war die Aufgabe (diese wurde nicht vorher kommuniziert), anhand einer ad hoc erstellten Skizze jemandem eine Gitarre in ihren Funktionszusammenhängen zu erklären. Nach zwei Monaten waren immer noch 92 Prozent in der Lage, die Gitarre richtig darzustellen und zu erklären.

Besonders interessant: bei der Wiederholung der Übung nach einem Jahr konnten sogar wieder 94 Prozent die Gitarre korrekt darstellen. **Du siehst: Wiederholung, Rekapitulieren festigt Wissen und Fähigkeiten, vor allem durch diese Art von Verständnisvisualisierung.**

Was Wissenschaftler über Jahrhunderte genutzt haben, bringt dir gerade in einer digitalisierten Welt viel. Der Stift wird so zur Hantel für deinen visuellen Muskel und mehr Wissen. Das Gute daran: Visuelle Muskelmasse verlieren wir nicht mit fortschreitendem Lebensalter.

Frei herumkritzeln, mit dem Stift spazieren gehen

»Mit dem Stift spazieren gehen«, diese Formulierung nutzte Paul Klee für das entspannte Herumkritzeln.

Wie das aussehen kann? Schau auf deine Schreibtischunterlage, falls du eine hast. Oder auf einen Zettel, wenn es dir langweilig war. Solche Schreibtischunterlagenherumkritzeleien (das längste Wort im Buch), oder Doodles auf Neudeutsch, entstehen, wenn wir einen Stift in der Hand haben und unsere Kreativität einfach aus uns herausfließen lassen – ohne viel dabei zu denken.

Doodeln tut gut und fördert sogar die Konzentration. Völlig aufgeräumte Schreibtische und ein rein digitaler Workflow trocknen dieses kreative Biotop leider aus. Der berühmte Maler und Zeichner Paul Klee regte seine Schüler an, den Stift wie einen Spazierstock zu nutzen und damit auf der Papieroberfläche zu wandern. Das Ziel dabei: eine spontane und intuitive Verbindung zur Form, zur Farbe, zum Strich herzustellen. Vielleicht weißt du das: Paul Klee war Mitglied der Bauhaus-Bewegung.

Sich mit der Bauhaus-Bewegung und deren Prinzipien zu beschäftigen, hilft allen Gestaltern. Denn Visualisierer sollten genauso wie Produktgestalter und Architekten stets den Menschen im Blick haben!

Vereinigung von Handwerk, Kunst und Nützlichkeit. Visualisierungen haben einen Zweck und einen Grund.

Gestaltung und Kreativität sollen das Leben der Menschen verbessern. Deine Visualisierungen sorgen für mehr Verständnis – besonders die intelligente Vereinfachung von komplexen Zusammenhängen macht das Leben und die Problemlösung einfacher.

Reduktion auf essenzielle Formen, geometrische Muster und klare Linien. Das ist eine Aufforderung, deine visuellen Elemente einfach zu gestalten und deine Sketches nicht zum schwierigen Kunststück zu machen.

Experimentieren mit Materialien und Techniken, um Grenzen zu überschreiten. Du sollst die Regeln kennen, die du brichst. Nutze dieses Buch als Sprungbrett für deinen eigenen Stil, deine Kreativität.

Das Ganze ist mehr als die Summe der Teile

Es lohnt sich, alle gerade vorgestellten Aspekte des Visualisierens passend zur Situation und Zielgruppe zu üben und zu nutzen – in dem Wissen, dass sich diese drei Spielarten gegenseitig befruchten und verbinden. Eine Metapher dafür ist beispielsweise das Fußballtraining. Um ein starker Spieler zu werden, reicht viel Fußballspielen nicht. Erst zusätzliches Konditions- und Krafttraining macht einen zum herausragenden Spieler. Einfach nur viel kicken reicht nicht.

Trainiere deshalb alle Spielarten und nicht nur das übliche symbolhafte Sketchnoten. Trainiere genauso dein Hirn durch das Funktionszusammenhänge-Sketchen und geh immer wieder mit deinem Muse-Stift spazieren.

21: Noch mehr GesichtsAUSDRUCK

Körpersprache – unsere universelle Sprache

Dein Körper spricht lauter als deine Worte. Wie dir ausdrucksstarke Haltungen, Bewegungen, Gestiken und Gesichtsausdrücke gelingen, hast du schon auf Seite 50 geübt.

In diesem Impuls wirst du deine Fähigkeiten weiter verbessern, noch ausdrucksstärkere Gesichtsausdrücke sketchen zu können. Denn gerade Mimik ist recht einfach zu visualisieren und macht Emotionen sichtbar.

Davor aber noch Wissenswertes zur Körpersprache: Durch das Beobachten von Menschen wirst du immer besser Figuren und Gesichter sketchen können.

Aber mache niemals den Fehler, dass du von einer bestimmten Körperhaltung sicher auf die inneren Beweggründe eines Menschen schließt. Du wirst durch das Wissen um Körpersprache nicht zum Gedankenleser.

Je nachdem, wie du selber tickst, hat ein bestimmter Körperausdruck auf dich eine individuelle Wirkung – und auf jemand anderen eine andere. Und doch gibt es Muster in der Körpersprache, die von den meisten von uns ähnlich interpretiert werden.

Körpersignale sind niemals isoliert voneinander – Haltung, Bewegung, Gestik und Mimik spielen stets zusammen. Du kannst mit der Stimmigkeit oder Unstimmigkeit von Körpersignalen starke Wirkung erzielen. Stellst du eine Figur stimmig dar, wirkt sie vertrauensvoll. Man hat das Gefühl, den anderen zu verstehen. Bei einem unstimmigen Körperausdruck läuten dagegen schnell die Alarmglocken.

Mimik einfach sketchen

Wir machen keine Kunst. Deshalb reicht fast immer die vereinfachte Darstellung, ähnlich wie wir sie von Emojis kennen. Also du kannst nicht nur von Comics ausdrucksstarke Gesichter lernen, sondern auch von deiner Handy-Emoji-Bibliothek.

Das Verstehen von Vereinfachung hilft dir, Emotionen selbst bei kleinen Köpfen darstellen zu können. Trotzdem: Mach den Kopf größer, wenn du Mimik skizzierst.

Konzentriere dich auf die beweglicheren Körperteile wie Mund, Augen, Augenbrauen und Stirn. Sie haben mehr Ausdruck als die relativ unbeweglichen Körperteile Ohren und Nase. Du musst stark übertreiben, wenn du bebende menschliche Nasenflügel visualisierst, ähnlich wie bei einem vor Angriffslust strotzenden Stier.

Die verschiedenen Mundstellungen beim Sprechen von unterschiedlichen Lauten und Silben helfen dir beim Sketchen von lebendigen Gesichtern, gerade in der Kombination mit Sprechblasen.

Übung 30: Sketche die Beispiele nach – und schau bei jedem Gesichtsausdruck parallel in den Spiegel. So wirst du noch schneller ausdrucksstarke Gesichter aus dem Gedächtnis sketchen können.

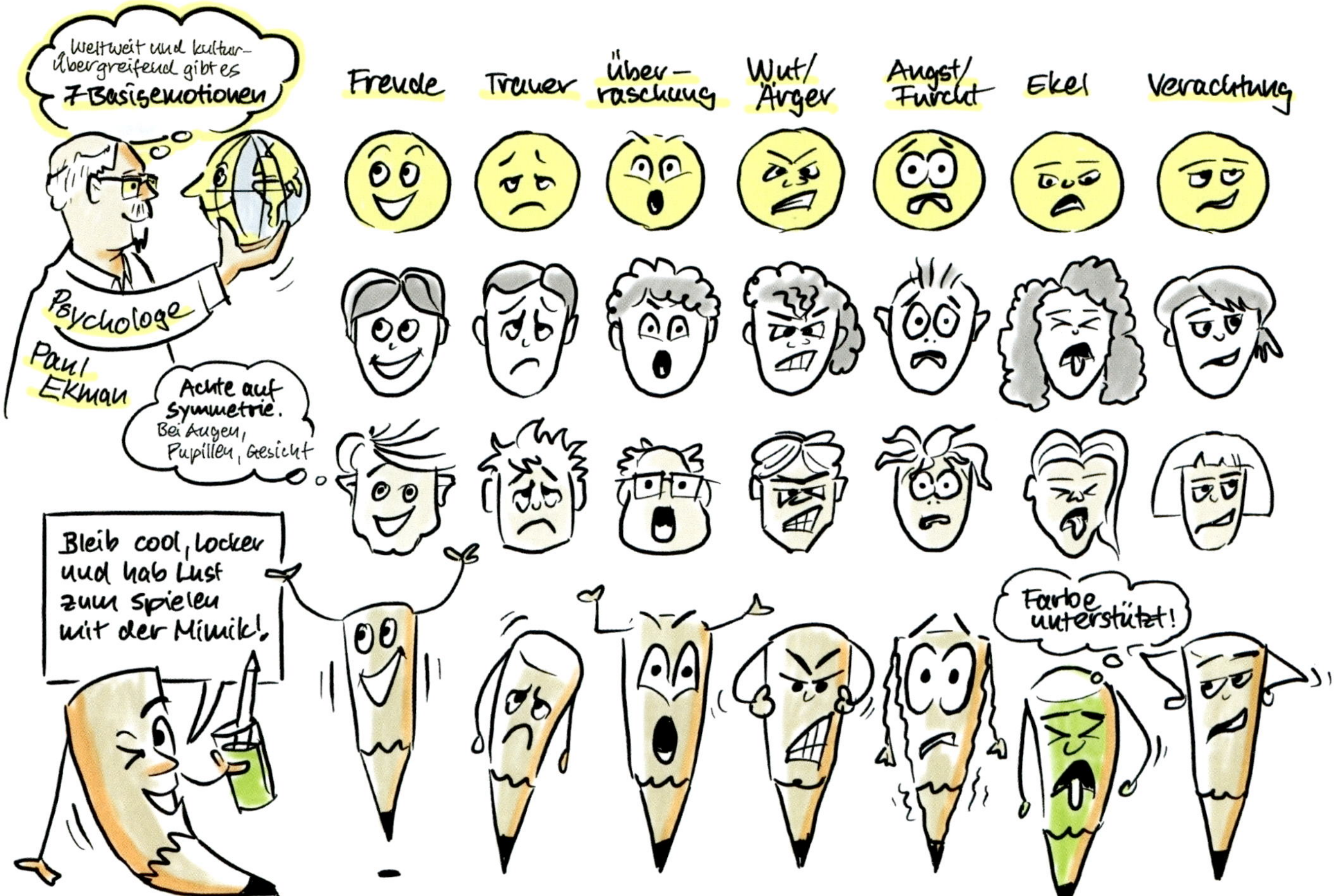

Weltweit und kulturübergreifend gibt es
7 Basisemotionen
Psychologe
Paul Ekman
Freude
Trauer
Überraschung
Wut/Ärger
Angst/Furcht
Ekel
Verachtung
Achte auf Symmetrie.
Bei Augen, Pupillen, Gesicht
Bleib cool, locker und hab Lust zum Spielen mit der Mimik!
Farbe unterstützt!

verliebt
schlecht gelaunt
ruhig
ver-schmitzt
hinter-hältig
Überlege:
Welche Emotion könnte es jeweils sein?
irr
schüchtern
nervös
frustriert
neugierig
Nun kommt dein Part: Ergänze auf dieser Seite Mimik und Haare – oder auch mal eine Brille.
Wie schön ist Interaktion…
Probier was aus!
Auch das geht.
Bring Dynamik durch Drehung ins Spiel. Und etwas Perspektive

22: Einfach KLAUEN?

Kreativität und Urheberrecht

Als Visualisierer bist du kreativ schöpferisch tätig. Du bewegst dich im Spannungsfeld des Urheberrechts. Beispielsweise, wenn du eine gute Visualisierungsidee nachskizzierst oder fertige Vorlagen für Collagen verwendest. Auch Zitate in Sketches sind grundsätzlich urheberrechtlich relevant. Ziel des Urheberrechts ist es, das geistige Eigentum von Kreativen und Künstlern zu schützen. Ist Sketchnoting Kunst? Vom Gesetzgeber aus eindeutig ja! Das bedeutet, dass das direkte Kopieren oder Nachmachen einer Sketchnote oder Visualisierung ohne Erlaubnis des Urhebers eine Verletzung des Urheberrechts sein kann. Schauen wir uns das nun etwas genauer an:

Lernen und Üben: Mit dem Kopieren von visuellen Elementen kannst du deine Fähigkeiten trainieren – das ist in der Kunst seit Jahrtausenden üblich. Beim Kopieren eines einzelnen visuellen Elements, etwa eines Pfeils oder einer Symbolfigur, wird das Urheberrecht nicht greifen. Die sogenannte Schöpfungstiefe ist dafür nicht groß genug. Bei einer komplexeren originellen Sketchnote ist die Rechtslage schon kritischer. Wenn du solche Sketches kopierst, dann veröffentliche sie besser nicht. Ein Graphic Recording und selbst ein Flipchart sind dagegen eindeutig durch das Urheberrecht geschützt.

Transformation und Interpretation: Du kannst bestehende Werke als Ausgangspunkt nehmen und diese transformieren oder interpretieren, sodass etwas Neues mit genügend Schöpfungstiefe entsteht. Dies kann beispielsweise durch die Veränderung des Mediums, der

Größe, der Perspektive oder der Botschaft geschehen. In solchen Fällen wird das ursprüngliche Werk als Inspirationsquelle genutzt, aber das Ergebnis ist eine eigenständige künstlerische Schöpfung.

Anerkennung und Referenz: Wenn du dich von einem Kunstwerk oder Künstler inspirieren lässt, erwähne das. Dies zeigt deinen Respekt und deine Wertschätzung für die Arbeit anderer. Mit einer Erwähnung sind die Urheberrechte, Rechte und Bedingungen zur Veröffentlichung aber nicht automatisch geklärt. Sei immer auf dem Laufenden, was die rechtliche Situation erfordert.

Eigene Originalität: Das Kopieren und Nachahmen anderer Kunstwerke ist eine Möglichkeit, deine Fähigkeiten zu entwickeln und Inspiration zu finden. Denk dabei daran, deinen eigenen Stil und deine eigene Originalität zu entwickeln.

Du siehst: Die Grenzen zwischen Klauen, Kopieren, Inspiration und Originalität sind unscharf. Im Zweifel entscheidet das Gericht. Beachte deshalb das Urheberrecht und respektiere die Ideen anderer Visualisierer.

Klauen als Storytelling-Übungs-Methode

Diese von mir entwickelte Übung kommt in Workshops oder bei der Begleitung von Teams und Unternehmen immer sehr gut an. Du kannst diese Klau-Übung beispielsweise im Rahmen einer visuellen Vorstellungsrunde anwenden. Bei einer visuellen Vorstellungsrunde stellt sich jeder mit einer Flipchart-Sketchnote vor. Obwohl diese grundsätzlich abwechslungsreich sind, kann die Originalität der einzelnen Vorstellungen noch gesteigert werden – indem jeder eine etwas andere Aufgabe bekommt. Eine kleine Auswahl davon findest du auf der nächsten Seite. Diese Vorstellungsaufgaben darfst du übrigens gerne klauen – und neue dazuerfinden.

Eine dieser Aufgabenkarten beschreibt das Klauen. Der sich Vorstellende nutzt dabei für seine Story die schon vorhandene Visualisierung eines anderen. Fast immer bekommt diese Vorstellung besonders viel Applaus. Kein Wunder, denn Kreativität fällt oft leichter, wenn das kreative Spielfeld Grenzen hat. So kann sich der Teilnehmende auf seine Story konzentrieren und muss sich nicht auch noch um die Grundidee kümmern.

FREMDE FEDERN

* Stellen Sie Ihren Partner mit einer kurzen, besonderen Anekdote vor!

Nur rein mit Worten – bauen Sie Spannung auf durch den gezielten Einsatz von Pausen.

Zeit: ca. 2 Minuten

PINOCCHIO

* Stellen Sie sich vor und bauen Sie dabei eine Lüge ein!

Machen Sie es so geschickt, dass es niemand merkt.

Zeit: ca. 1,5 Minuten

BAUKRAN

* Stellen Sie sich vor und verwenden Sie dabei geschickt die folgenden Worte:

»perfekter Tag«

»erröten«

»Baukran«

Zeit: ca. 2 Minuten

3 WORTE

* Stellen Sie sich vor und schreiben Sie dazu nur 3 Worte auf. Überlegen Sie sich dabei genau die Anordnung und Größe der Schrift.

Lassen Sie diese Visualisierung live entstehen!

Zeit: ca. 1 Minute

Diese Klau-Karten-Übung hat einen tieferen Sinn. Sie zeigt, dass wir gleichzeitig individuell und verbunden sind – und wir uns gegenseitig helfen können.

Übung 31: Deine nächste Vorstellung kommt bestimmt. Klaue eine Sketchnote aus diesem Buch oder nur ein einzelnes Detail aus einer Sketchnote und entwickle dazu deine eigene Vita-Story. Deine Vorstellung sollte circa zwei Minuten dauern.

ELITE PARTNER

* Suchen Sie mit Ihrem Partner eine verbindende Gemeinsamkeit, die Sie mit einem Schlüsselbild ausdrücken.

Zusätzlich hat jeder noch 2-3 weitere Elemente bei der live entstehenden Vorstellung zur Verfügung.

Zeit: ca. 3 Minuten

BODENHALTUNG

* Sie haben 4 Kärtchen für Ihre Vorstellung zur Verfügung.

Aber: Präsentieren Sie auf dem Boden – und denken Sie an Ihre Zuhörer.

Zeit: ca. 1 Minute

MY WAY

* Stellen Sie sich mithilfe eines Zeitstrahls vor.

Lassen Sie möglichst viel live entstehen.

Zeit: ca. 1,5 Minuten

Möglichkeiten.

SCHUHWECHSEL

* Stellen Sie sich visuell aus der Sicht Ihres besten Freundes/Ihrer besten Freundin vor.

Zeit: ca. 1 Minute

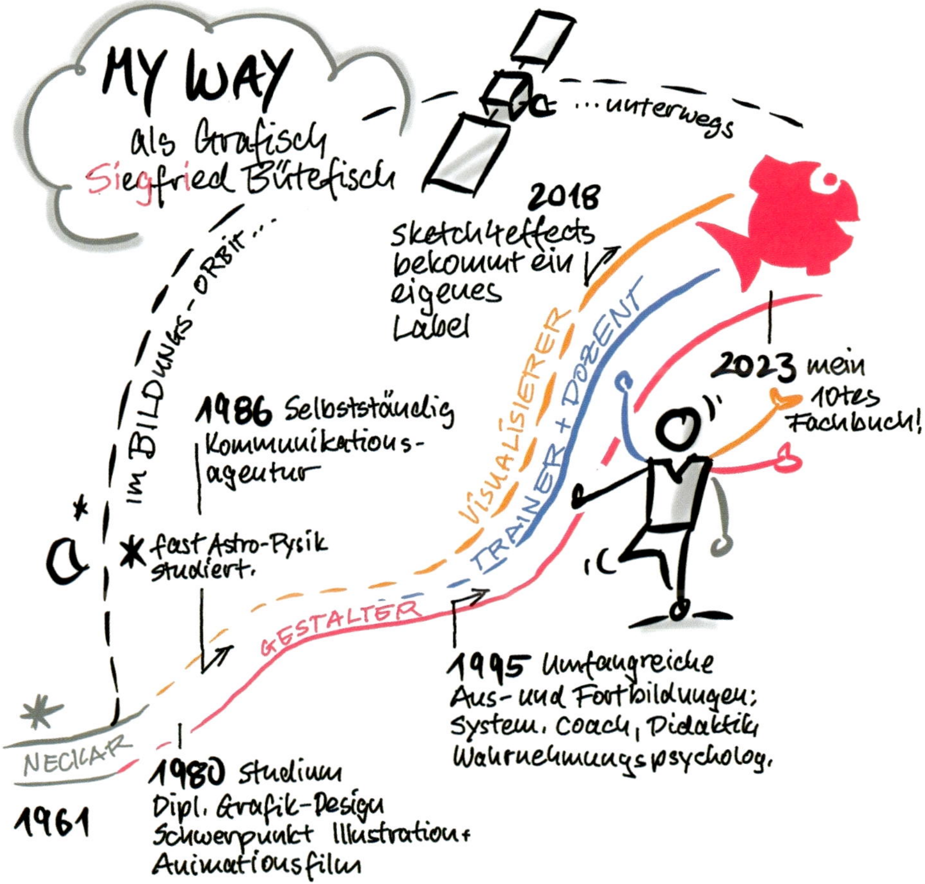

MY WAY
als Grafisch
Siegfried Bütefisch

...unterwegs

IM BILDUNGS-ORBIT...

2018
sketch4effects bekommt ein eigenes Label

1986 Selbstständig
Kommunikations-agentur

* fast Astro-Pysik studiert.

VISUALISIERER

TRAINER + DOZENT

GESTALTER

2023 mein 10tes Fachbuch!

NECKAR

1961

1980 Studium
Dipl. Grafik-Design
Schwerpunkt Illustration + Animationsfilm

1995 Umfangreiche Aus- und Fortbildungen:
System. Coach, Didaktik, Wahrnehmungspsycholog.

23: Sketche und ÜBERZEUGE

Wurm, Zauberstab oder Magnetismus

Clevere Visualisierungen erregen Aufmerksamkeit und werden oft unaufgefordert geteilt. Weil sie Spaß machen, beim Verstehen und beim Austausch helfen und einfach gut aussehen. **Clevere Visualisierungen sind deshalb auch gute Werbung!** Was liegt näher, als künftig clevere Visualisierungen zum Überzeugen zu nutzen. Wie das »menschliche Betriebssystem für Überzeugung« funktioniert, lernst du in diesem Impuls.

Übung 32: Du findest hier zwölf Sketches zu den Prinzipien der Überzeugung. Schau sie an und ergänze sie mit einem Stichwort, wie du sie verstehst. Auf der nächsten Seite findest du den Text zu zehn dieser Überzeugungs-Hacks. Ordne die Sketchnotes diesen Beschreibungen zu. Über die zwei übriggebliebenen mach dir deine eigenen Gedanken.

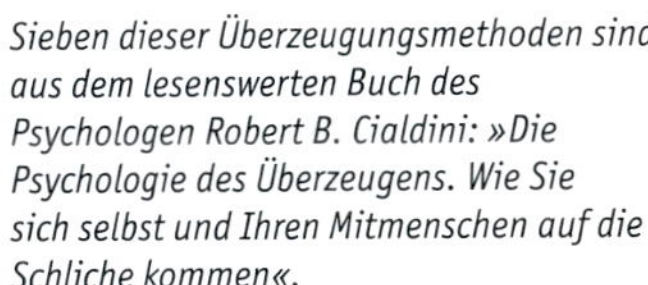

Sieben dieser Überzeugungsmethoden sind aus dem lesenswerten Buch des Psychologen Robert B. Cialdini: »Die Psychologie des Überzeugens. Wie Sie sich selbst und Ihren Mitmenschen auf die Schliche kommen«.

Autorität, Ansehen: Autorität wird oft anders verstanden. Autorität ist das Ansehen einer Institution oder Person. Autoritäten folgt man gerne im Denken und Handeln. Einer Autorität vertraut man, da sie aufgrund von Expertise und Erfahrung gute Entscheidungen trifft. Die Werbung mit Prominenten oder Influencern baut darauf auf. Apropos Prominentenstatus: Für manche heißt Bekanntheit schon Autorität – manche erwarten mehr.

Visualisierer können besonders gut erklären und zeigen so ihre Kompetenz. Und allein schon, dass du visualisieren kannst, wird dir von vielen Mitmenschen bereits hoch angerechnet. Und wenn du dabei nahbar bleibst und es sogar anderen beibringen kannst, kommst du noch besser an als visuelle Autorität.

Menschen verzaubern, manipulieren: Quasi jemanden hypnotisieren, sein Hirn so verdrahten, dass er dadurch tut, was ich will. Das ist nicht nur ethisch fragwürdig. Willenlose Zombies sind weder nette Kollegen noch gute Mitstreiter in einem gemeinsamen Projekt.

Hirnwäsche mit Visualisierung geht (fast) nicht.

Menschen ködern: Tarnen, tricksen, täuschen ist ein bewährtes Erfolgsprinzip der Natur – zum Überleben, zum Jagen, um den Geschlechtspartner zu finden. Der Der-Köder-muss-dem-Fisch-schmecken-Ansatz lockt trickreich unter Vorspiegelung falscher Erwartungen. Für den Fisch geht es nicht gut aus.

Auch Visualisierungen können lügen, Sachverhalte verdrehen, sodass sie auf falsche Fährten führen. Wir kennen das von Grafiken. Je nachdem, welchen Bezugsrahmen und Ausschnitt wir wählen, kann etwas positiv oder negativ wahrgenommen werden. Kannst du damit leben?

Gegenseitigkeit, Reziprozität: Das heißt, einfach ausgedrückt: »Wie du mir, so ich dir.« Erweise ich dir einen Gefallen, fühlst du dich verpflichtet, mir etwas zurückzugeben. Oder auch: »Wie man in den Wald hinein ruft, so schallt es auch zurück.«

Für die Visualisierung und Visualisierer bedeutet das: Nimm die Gedanken deiner Gegenüber, deiner Teilnehmenden auf und stelle sie durch eine Sketchnote dar. Das kommt sehr wertschätzend an.

Soziale Bewährtheit, sozialer Beweis: »Wenn schon viele sicher über die Brücke gegangen sind, schließen wir uns an.« Wenn schon andere durch etwas Erfolg gehabt haben, fällt uns die Entscheidung, das Gleiche zu tun, leichter.

Soziale Bewährtheit fördert Glaubhaftigkeit und das Vertrauen in eine Sache, Gruppe oder Person. Die beste Werbung fürs Visualisieren sind messbare, bessere Ergebnisse in der Zusammenarbeit. Wer das selbst erlebt, möchte auch visualisieren lernen.

Leuchtturm-Methode: Licht zieht an. Licht gibt Orientierung. Sie kann bei Strandräuber-Absicht aber auch auf scharfe Klippen führen. Das ist dann schon wieder eher Ködern unter Vorspiegelung falscher Erwartungen. Die Gefahr beim Anziehend-sein-Wollen ist immer, sich schöner zu machen, als man/frau/* ist.

Visualisierungen sind grundsätzlich anziehend. Aber, du weißt inzwischen: Der Inhalt der Visualisierung und die Erkenntnis auf dem Weg zur Visualisierung sind noch wertvoller als die anziehende Ästhetik.

Gegenseitige Resonanz: Anbieter und Kunde sind systemisch miteinander verbunden. Optimal ist, wenn die Polung, der Deckel zum Topf passt. Dann entsteht gegenseitige Anziehung fast automatisch. Und es bewegt sich nicht nur einer. Die Folge: mehr Dynamik und eine nachhaltig stärkere Verbindung und Beziehung.

Gerade die Kollaboration, das Teamwerden, das gegenseitige Aufeinander-zubewegen ist eine der größten Stärken, die Visualisierung bietet.

Sympathie: »Wer nicht lächeln kann, sollte kein Geschäft aufmachen.« Dieses chinesische Sprichwort bringt es auf den Punkt. Sympathie ist mehr als nur neutrale Empathie, mehr als nur Einfühlungsvermögen in andere. Findet man jemanden oder etwas sympathisch, spricht man darüber positiv. Sympathie schafft Verbindung, schafft ein Wirgefühl.

Visualisiere sympathische Dinge für deine Zielgruppe. Sei sympathisch beim Visualisieren – Lächeln, Schmunzeln und Lachen verbinden. Übrigens, Sympathie entsteht unbewusst im Millisekundenbereich.

Zugehörigkeit, Identifikation, Wirgefühl: Ein Teil von etwas Größerem zu sein oder werden zu können, fühlt sich gut an. Besonders, wenn diese Gruppe etwas Besonderes bietet. Die (vermeintliche) Stärke der Gruppe macht auch den Einzelnen stärker. Das gibt Sicherheit.

Initiiere gemeinsame (Wand-)Bilder. Entwickle ein gemeinsames Schlüsselbild für ein Team-Projekt: Geht in der Gruppe auf Abenteuerreise – jeder mit dem Stift in der Hand. Gerade das gemeinsame Skizzieren auf Augenhöhe und das visuelle Diskutieren hat eine besondere Qualität.

Knappheit, Verknappung, limitierte Verfügbarkeit: Nicht zum Zug zu kommen, etwas unwiderruflich zu verpassen löst Ängste aus. Das Verhindern eines Verlustes motiviert die meisten stärker als das Erlangen eines Gewinns. Ist ein Angebot nur für kurze Zeit, und dazu noch zu einem günstigeren Preis, erhältlich, entscheiden sich die meisten schneller.

Visualisierung hilft bei der schnelleren Entscheidungsfindung. Stelle Alternativen klar visualisiert vor und frage: »Was passt für dich besser: Sketch A, B, oder C?«

L2: Ein BRIEF an mich selbst

Ende des Levels – wieder Zeit für Reflexion

Zwei Drittel des Workbooks hast du inzwischen geschafft. Und nun heißt es wieder, für dich zu reflektieren, was du mitgenommen hast, was du mit deinen Sketches erreicht hast. **In diesem Impuls geht es zudem um dein Selbstverständnis als Visualisierer und Storyteller.**

Du kommst deinem Selbstverständnis mit den folgenden acht Fragen auf die Spur:

1) Wie nimmst du dich als Visualisierer und Storyteller wahr? Fühlst du dich mit Stift und Marker schon wohl?

2) Wie bringst du beim Sketchen und Storytelling deine Persönlichkeit ein?

3) Wo siehst du deine besonderen Stärken?

4) An welchen Schwächen möchtest du arbeiten?

5) Welche deiner Werte und Überzeugungen kannst du mit cleverem Visualisieren noch besser kommunizieren?

6) Welche Ziele möchtest du visualisierend erreichen?

7) Welche deiner Bedürfnisse werden durchs Sketchen und Storytelling erfüllt?

8) Bei welchen deiner Talente, Interessen und Aufgaben kann dir der Stift in der Hand nutzen?

Übung 33: Nimm dir ein A4-Papier und beantworte auf der ersten Seite die acht Fragen. Skizziere eine Sketchnote zu der Frage, die dich am meisten zum Nachdenken gebracht hat, auf die Rückseite.

Wie, glaubst du, wird sich über die Zeit dein Selbstverständnis verändern? Wahrscheinlich hat es sich auch schon verändert, seit du mit diesem Buch begonnen hast. Ich behaupte, cleveres Visualisieren ist ein Tool mit Potenzial zur Persönlichkeits-, Kommunikations- und Kulturveränderung.

Das merke ich an mir selbst, wenn ich mir diese Fragen stelle. Ich denke, ich bin heute als Visualisierer anders unterwegs als noch vor einem halben Jahr – auch das Schreiben am Workbook und der Austausch darüber haben mein Selbstverständnis nochmals verändert. Auch die vielen Begegnungen mit Menschen in Workshops und bei intensiven Begleitungen von Teams haben für mich besonderes Veränderungspotenzial. Die folgende ausführliche Referenz einer Konzern-Bereichsleiterin bringt für mich den Wert des cleveren, alltagstauglichen Visualisierens genau auf den Punkt. Vielen Dank dafür:

»... Als weibliche und jüngere Führungskraft war es mir besonders wichtig, nüchtern und klar aufzutreten. Mit unserer Kultur und Abteilungsperformance war ich eigentlich voll zufrieden: Ich empfand sie als respektvoll, angenehm und konstruktiv. Durch die Zusammenarbeit mit Herrn Bütefisch wurde es mir und vielen der Abteilung bewusst, dass es unserem Spirit ein wenig an Kreativität und natürlicher Impulsivität fehlt.

Nach dem dreitägigen intensiven Visualisierungs-Workshop und der anschließenden Begleitung über sechs Wochen hat sich viel verändert. Ich persönlich habe das Gefühl, dass ich nicht mehr nur als eine kompetente, aber etwas unnahbare Führungspersönlichkeit wahrgenommen werde. Ich kann, so wie Sigi Bütefisch es immer ausdrückt, mit dem Stift in der Hand mehr von meiner durchaus vorhandenen kreativ-spontanen Seite zeigen, ohne dass ich an Kompetenz und Standing verliere. Ich erlebe unsere nun deutlich visuellere Kommunikation als ansteckend für mehr konstruktive Offenheit und Inspiration ...«

Bring deine Zeitkapsel auf den Weg

Ich weiß, dieser Impuls wird nicht von allen Lesern gemacht werden. Das ist schade! Denn ein unerwarteter Brief ist immer eine schöne Überraschung. Selbst dann, wenn du der Autor des Briefes bist, aber nicht mehr daran denkst.

Grundsätzlich sind Überraschungsmomente, als aufregende Facette des Lebens, ein starker Impuls. **Nutze die Kraft positiver Überraschungselemente beim Visualisieren und in deinen visuellen Präsentationen.**

Schöne Überraschungen haben folgende Wirkungen:

Sie lösen starke emotionale Reaktionen aus. Überraschungen verändern augenblicklich unseren Gefühlszustand zum Positiven. Wie du weißt, geht das mit dem Ausschütten von Botenstoffen einher.

Sie steigern die Aufmerksamkeit: Überraschungen machen uns schlagartig wach und fesseln unsere Aufmerksamkeit. Das hilft uns, aus Routinen auszubrechen.

Sie erhöhen unsere Lernfähigkeit. Sie wecken unsere Neugier – eine starke Triebfeder für die Lernmotivation.

Sie schaffen emotionale Verbindung. Gemeinsam überrascht zu werden, gemeinsam etwas zu erleben, synchronisiert Emotionen und steigert so das Wirgefühl.

Sie boostern die Kreativität. Überraschungen durchbrechen Erwartungen und eröffnen neue Perspektiven.

Sie geben Denkanstöße, die im Gedächtnis bleiben. Alles, was nicht Norm ist, merken wir uns leichter.

Sie trainieren Flexibilität und Anpassungsfähigkeit. Wir werden gezwungen, Muster zu durchbrechen und uns auf Neues einzulassen.

Übung 34: Stecke nun das Blatt in einen frankierten und an dich adressierten Umschlag. Gib diesen Brief jemandem, der ihn im Lauf der nächsten drei bis fünf Monate einwirft. Und dann freue dich über Post.

Level 3

Du wirst in diesem Level unter anderem lernen, wie du deine Schrift weiterentwickelst; Perspektive gekonnt einsetzt; Aussagen in einem prägnanten Schlüsselbild komprimierst; durch Gruppenarbeit auf bessere Ideen kommst; mit Profi-Tools effektiv dein Storytelling verbesserst; wie dir Visualisieren beim Denken hilft; wie du dich und andere motivierst, dranzubleiben.

24: Mehr WORTwirksamkeit

Lettering – Schrift als Hingucker für Überschrift & Co

Ich komme aus einer Generation, in der Schönschreiben noch Schulfach war. Ich gestehe, ein gehasstes Fach für mich. Heute ist meine Haltung zur schönen Schrift eine andere. Das geht nicht nur mir so. Lettering und Kalligrafie liegen im Trend. Gerade in unserer digitalen Welt – und beim Visualisieren. Den Grund dafür erfährst du jetzt.

Lettering gibt deinen Visualisierungen Pep und sorgt für mehr Differenzierung und Ausdruck. Letteringstyles sind vielfältig: Sie sind künstlerisch, verspielt, modern, elegant oder retro. Setze Lettering beim cleveren Visualisieren aber wirklich nur als Würze ein, als Schmuckschrift, als Auszeichnung. Sonst kann es so gehen, dass eine Sketchnote mehr an Landhaus-Chic denken lässt als an das Thema, um das es eigentlich geht. Die Form muss dem Inhalt entsprechen – Form follows function! Erinnere dich an den Quadranten 3 der ZEichN©-Methode.

Schönschreiben ist vor allem eins: Üben!

Üben, wie besondere Buchstabenformen und Alphabete aussehen. Üben des dafür notwendigen Schwungs beim Schreiben. Üben, Feder, Pinsel und andere Schreibgeräte geschickter zu handhaben.

Beim Lettering spielst du mit unterschiedlichen Druck- und Strichstärken, mit Linien- und Formvariationen, mit Füllungen, Schatten und Verzierungen. Das setzt eine gewisse Größe der Schrift voraus, damit diese Effekte auch zur Geltung kommen.

In diesem Impuls lernst du die Lettering-Grundlagen: beispielsweise, wie dir mit deinen verfügbaren Stiften und Markern schon wirkungsvolle Lettering-Effekte gelingen. Gerade Lettering-Effekte, mit denen du nachträglich einen schon geschriebenen Text zum Blickfang machen kannst, werden dir in der Praxis viel nutzen. Um tiefer einzusteigen helfen dir spezielle Lettering-Bücher. Jetzt viel Spaß beim Lettering-Üben, beim Verschönern und Gestalten von Buchstaben, Zeichen, Worten und Sätzen.

Vorbereitung: Lade dir im Downloadbereich die Schrift-Übungsblätter herunter. Das erleichtert dir dein Üben durch die vorgezeichneten Schrift-Hilfslinien.

Übung 35: Übe die verschiedene Letteringstyles durch Nachmachen. Übe diese drei Schriftarten auf der nächsten Doppelseite so gut, dass du in der Lage bist, den Satz »Franz jagt im komplett verwahrlosten Taxi quer durch Bayern.« schön zu schreiben. In diesem Satz kommen alle Buchstaben vor. Schreibe diesen Satz sowohl in Groß-/Klein-Schreibung als auch nur in Großbuchstaben.

Selbst-Feedback: Wirkt dein Schriftbild gleichmäßig? Das erreichst du, wenn die Buchstabenhöhe, die einzelnen Schriftformen und der Schriftwinkel möglichst gleich bleiben. Ein Tipp, den du schon kennst: Stelle dir vor dem Schreiben jeden Buchstaben genau vor. Und dann zeichne ihn mit einem gewissen Schwung. Dann wird der Strich nicht zitterig.

1 ABC — Schritt 1: Buchstaben genügend breit und Abstand in deiner Schreibschrift schreiben – oder schau hier↓.

2 ABC — Schritt 2: Mit zusätzlicher Linie den ersten Strich des Buchstaben doppeln.

3 ABC

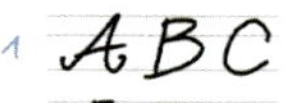

ABC — Schritt 3: Schwarz oder farbig füllen.

AaBbCcDdFf
GgHhIiJjKkLl
*MmNnOoPpQq
RrSsTtUuVv
*WwXxYyZz

* Bei M,m, W,w sieht es besser aus, eine weitere Buchstabenlinie zu doppeln – denn es sind die breitesten Buchstaben im Alphabet. Auch bei Versalien (Großbuchstaben) und besonders als Initial wirkt eine weitere Doppelung gut.

1234567890

Ziffern, die tanzen, fügen sich besser in geschriebenen Text ein!

Du kannst mit Varianten spielen und diese auch mischen – das kommt gut! Diese Schrift funktioniert auch mit weniger oder stärker ausgeprägten Serifen sehr gut.

*Variiere auch mit den Winkeln.

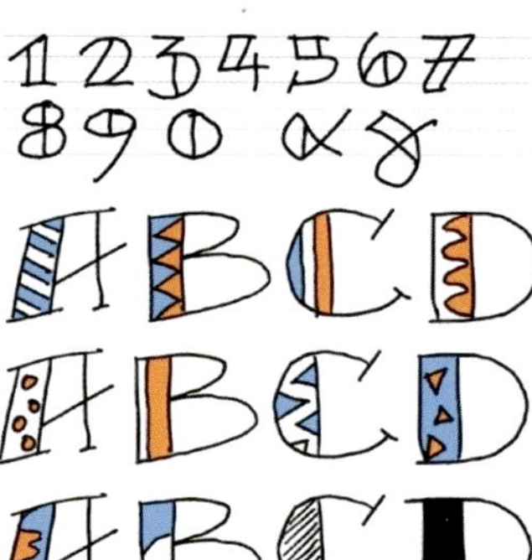

ABCDEFGHIJKLMNOPQRS
TUVWWXYZ abcddefgghh
iijklmmnoppqqrstuvwwx
yyz3 1234567890

Probier's auch mal breiter...

ABCDEFGHIJKL
abcdefghijklmno

Und dann, wenn die Form sich dir eingeprägt hat, werde locker beim Lettering. Dann beginnt die Schrift zu leben und du hörst auf zu viel zu denken!

Franz jagt im komplett...
Franz jagt im komplett...
Franz jagt im ...
Franz ...

Verforme + Verzerre
so erweiterst du dein Repertoire schnell und einfach.
Kombinationen
Von Schrifttypen, von Schrift mit anderen visuellen Elementen. Entwickle dein ästhetisches Gefühl weiter
Nutze Vorlagen
Google verschiedene Alphabete und skizziere sie nach!
Experimentiere
mit analogem Handwerkszeug: Pinsel, Feder, Kreide, Schwamm... wenn du Lust hast, tiefer in das Thema Lettering einzusteigen!
weiter üben
Muster, Struktur, Ornamente: Schau auf die linke Seite. Damit hast du viele Möglichkeiten (besonders bei fetten Lettern), Schrift zu individualisieren.
Schrift als grafisches Element. Dann ist es besonders wichtig, alles vorher gut zu entwerfen – am besten mit einer Vorzeichnung.
Rahmen + Verzierungen
sind besonders häufige Elemente im Lettering.
Perspektive
Ein typisch
mittel im
Lettering
Leerraum
Wirkt besser und lässt Raum für Notizen und Ergänzungen!
Schrift in/um/als Form
Verbindet Symbol mit Typografie – ist dekorativ und platzsparend.
Positiv/Negativ- und Kontrast-Effekte
haben eine starke gestalterische Wirkung!
Initialen
Ein Hingucker – betont den Wortanfang und erhöht so die Lesbarkeit
Präge dir diese Rezept-Regeln gut ein. Dann kannst du auch bald ohne Rezept-Anleitung schnell gut Schriftzüge „kochen“.
So verspielt muss und soll Lettering nicht sein. Aber hier als Übungssketch wird es dich auf Ideen bringen!
REZEPTE FÜR DEIN Lettering-Training
Platz für deine Gedanken zum Letteringüben ...
LEG LOS!

25: Auf in die dritte DIMENSION

Perspektive gibt deinen Bildern Tiefe

Selbst wenn du nur ein wenig die Grundlagen des Perspektivzeichnens beherrschst, werden deine Visualisierungen realistischer und anschaulicher. Und wieder gilt: **Nutze Perspektive als Würze – wenn es Mehrwert bietet – und nicht als Kunststück.** Nur dann lohnt sich auch der größere Aufwand beim Sketchen. Denn habe immer im Hinterkopf: Perspektivansichten sind grundsätzlich komplizierter zu sketchen und brauchen entsprechend länger – denke an einen Stuhl.

Überlege ebenfalls immer: Welche Ansicht ist für ein Objekt die einfachste und eindeutigste.

Wichtige Prinzipien der 3-D-Perspektive sind:

Fluchtpunkt: Parallele Linien laufen in der Perspektivdarstellung in einem oder mehreren Fluchtpunkten zusammen. So erzeugt du den Eindruck von Tiefe und Weite im Bild durch perspektivische Verzerrungen.

Horizontlinie und Blickwinkel: Die Horizontlinie definiert die Höhe des Standpunkts des Betrachters und damit den Blickwinkel. Je höher die Horizontlinie, desto niedriger erscheinen die Objekte im Bild, und umgekehrt.

Proportionen und Größenverhältnisse: Passe Proportionen und Größenverhältnisse aller Objekte entsprechend ihrer Position im Raum an. Skizziere Objekte, die näher sind, größer, weiter entfernte kleiner.

Raumtiefe: Durch den Einsatz von Schattierungen, Farbverläufen und weiteren Details kannst du den Eindruck der Raumtiefe verstärken. Hellere, detaillierter und klarer dargestellte Objekte wirken näher, dunklere und weniger detaillierte Objekte weiter entfernt. Das Verblauen ferner Berge ist so ein Effekt.

Licht und Schatten: Nutze Licht- und Schatteneffekte. Durch die Position deiner Lichtquelle definierst du die Position und Richtung der Schatten (Impuls 10). Dadurch verstärkst du die räumliche Wirkung.

Überlappung: Wenn ein Objekt ein anderes teilweise überdeckt, erzeugt dies den Eindruck von Tiefe und räumlicher Platzierung. Nutze Überlappungen, um die Position und Entfernung der Objekte zu verdeutlichen.

In der Visualisierung musst du nicht, wie damals im Kunstunterricht, Perspektive korrekt konstruieren. Meist reicht ein »So ungefähr« beim Umsetzen der genannten Prinzipien. Trotzdem sind leichte Hilfs- und Konstruktionslinien mit Bleistift, vor allem am Anfang, äußerst hilfreich. Später reicht es, wenn du dir diese Linien nur vorstellst.

Übung 36: Zeichne die Beispiele nach – so gehen dir die Perspektivprinzipien schnell in Fleisch und Blut über. Schaue auch in das Downloadtutorial.

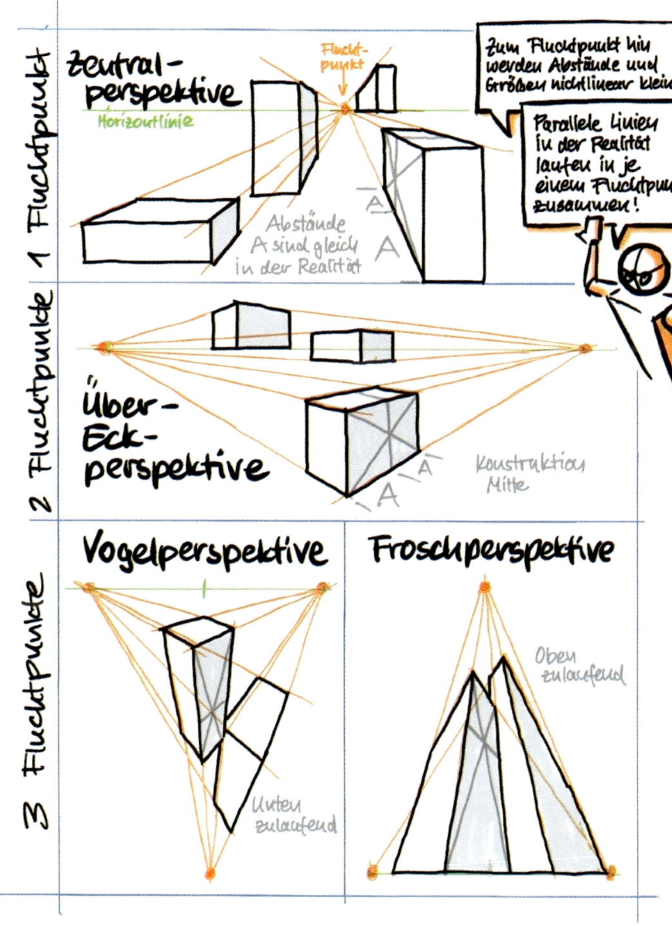

3D Schritt für Schritt

Fluchtlinien sind parallel (Fluchtpunkt unendlich weit entfernt)

Parallelperspektive (OPTIMAL FÜR KLEINE ELEMENTE, Z.B. SCHRIFT)

1. Form duplizieren und verschieben
2. Formen durch Fluchtlinien verbinden
3. Schraffieren und/oder schattieren

Fluchtpunktperspektive

(OPTIMAL FÜR ARCHITEKTONISCHE, STARKE 3-D-WIRKUNG)

Wichtig: a) Je näher Fluchtpunkt, umso mehr Verzerrung

b) Schraffieren längs der Fluchtlinien

Kleines Objekt

Fluchtpunkt

kann beliebig gesetzt werden – bestimmt zugleich die Augenhöhe.
Tief → Froschpersp.
Hoch → Vogelpersp.

Großes Objekt

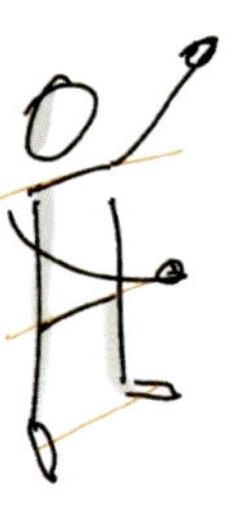

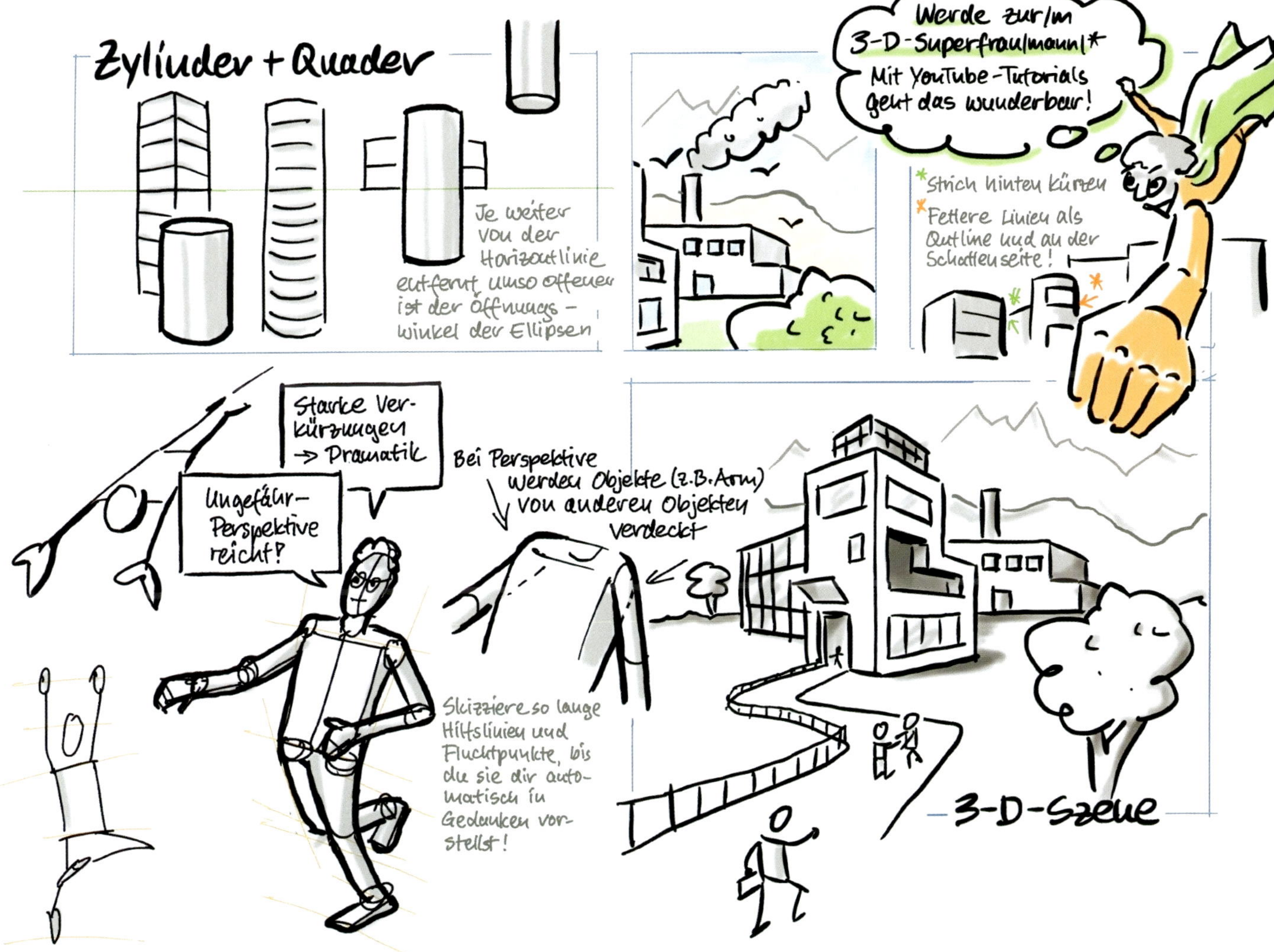

Zylinder + Quader
Je weiter von der Horizontlinie entfernt, umso offener ist der Öffnungswinkel der Ellipsen
Werde zur/m 3-D-Superfrau/mann!*
Mit YouTube-Tutorials geht das wunderbar!
* Strich hinten kürzen
* Fettere Linien als Outline und an der Schattenseite!
Starke Verkürzungen → Dramatik
Ungefähr-Perspektive reicht!
Bei Perspektive werden Objekte (z.B. Arm) von anderen Objekten verdeckt
Skizziere so lange Hilfslinien und Fluchtpunkte, bis du sie dir automatisch in Gedanken vorstellst!
3-D-Szene

26: Mit SchlüsselBILDERN punkten

Originelle Schlüsselbilder durch Verbinden, Ersetzen und Kombinieren.

Erinnere dich an den Impuls AUFZUGfahren und BARhocken. Hier war deine Aufgabe, ein Schlüsselbild zu visualisieren. **Ein Schlüsselbild fasst das Wesentliche, die Essenz eines Themas, in einem möglichst einfachen und eindrücklichen Bild zusammen.** Nun bekommst du Tipps und zwei Anleitungen, wie dir das noch einfacher und vor allem mit Methode gelingt.

Überlege mit: **Visuelle Beziehungen bilden zugleich Bedeutungsbeziehungen ab.** Dieses Prinzip ist so alt wie die Kultur- und Kunstgeschichte. Kombiniere ich also Bildelemente, kombiniere ich damit die Eigenschaften der einzelnen Bilder. Mensch und Pferd kombiniert werden zum Zentaur, Löwe und Menschenkopf zur Sphinx, Mensch mit Stierkopf zum Minotaurus. Blättere zurück auf Seite 68 und rekapituliere, was alles zum visuellen Wortschatz gehört: mathematische Grundelemente, Schriftzeichen, Boxen, Pfeile, Diagramme, Piktogramme, Symbole, Figuren, Farben, Schatten und Bewegungseffekte. Alles kannst du durch Verbinden, Kombinieren und Austauschen in neue Beziehungen bringen. Damit veränderst du die inhaltliche Aussage. Aber genau so, wie ein klassischer Drink nicht aus zu vielen Zutaten besteht, mische ebenfalls nicht zu viele visuelle Elemente und damit Bedeutungsebenen. So bleibt dein Schlüsselbild klar und eindeutig. Und noch ein Tipp: Vergiss niemals die Schrift – sie ist stets ein wichtiges visuelles Element für mehr Eindeutigkeit.

Gerade wenn es um die Beziehung zwischen Text und Bild geht, gibt es verschiedene Möglichkeiten der Kombination oder des gegenseitigen Austauschs:

Text und Bild haben zwei unterschiedliche Bedeutungsebenen. Damit entsteht etwas Neues – wie die Beispiele der mythologischen Wesen zeigen.

Text und Bild haben die gleiche Bedeutung. Die Bedeutung wird durch die doppelte Codierung noch weiter verstärkt. Das kann aber auch banal werden.

Text- und Bildaussage widersprechen sich. Das hinterfragt die Botschaften und bringt zum Nachdenken. Erinnere dich an Inkongruenz im Ausdruck (Seite 112).

Text oder einzelne Buchstaben werden zum Bild. Die Methode ist so alt wie das Schreiben (Seite 100).

Mach's jetzt gleich praktisch mit folgenden Übungen:

Übung 37: Sketche ein Schlüsselbild für Verbundenheit und schreibe den Begriff Verbundenheit dazu.

Übung 38: Finde ein Symbol für Getrenntheit und schreibe trotzdem das Wort Verbundenheit dazu.

Übung 39: Schreibe das Wort Verbundenheit so, dass die Buchstaben Verbundenheit ausdrücken.

Übung 40: Kombiniere dein Verbundenheitsschlüsselbild mit einem Schlüsselbild für das Auto-Abschleppen. Was ist nun die Aussage?

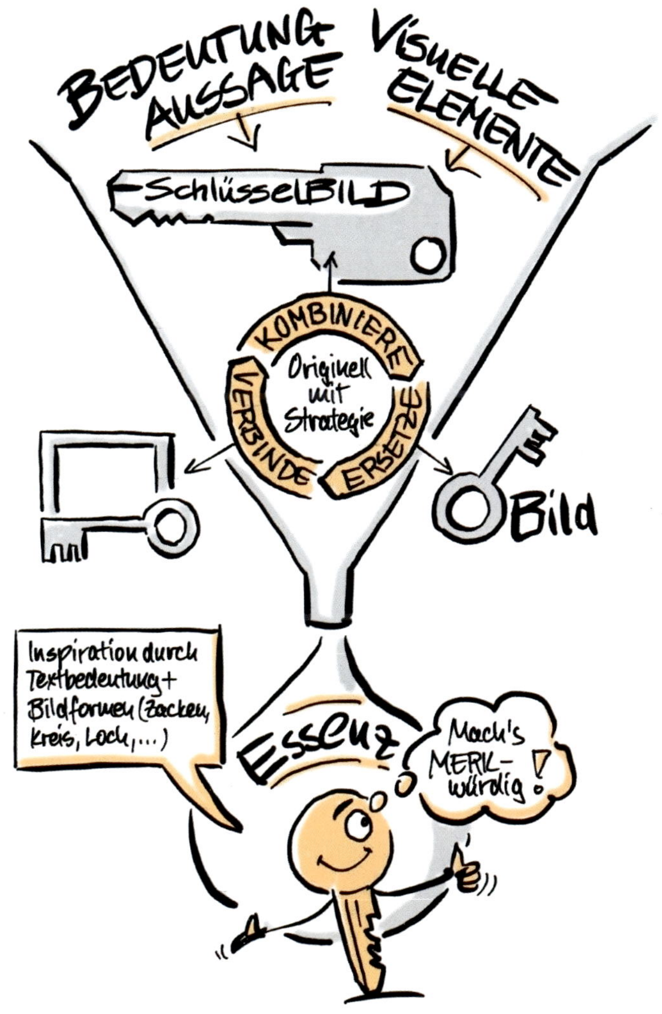

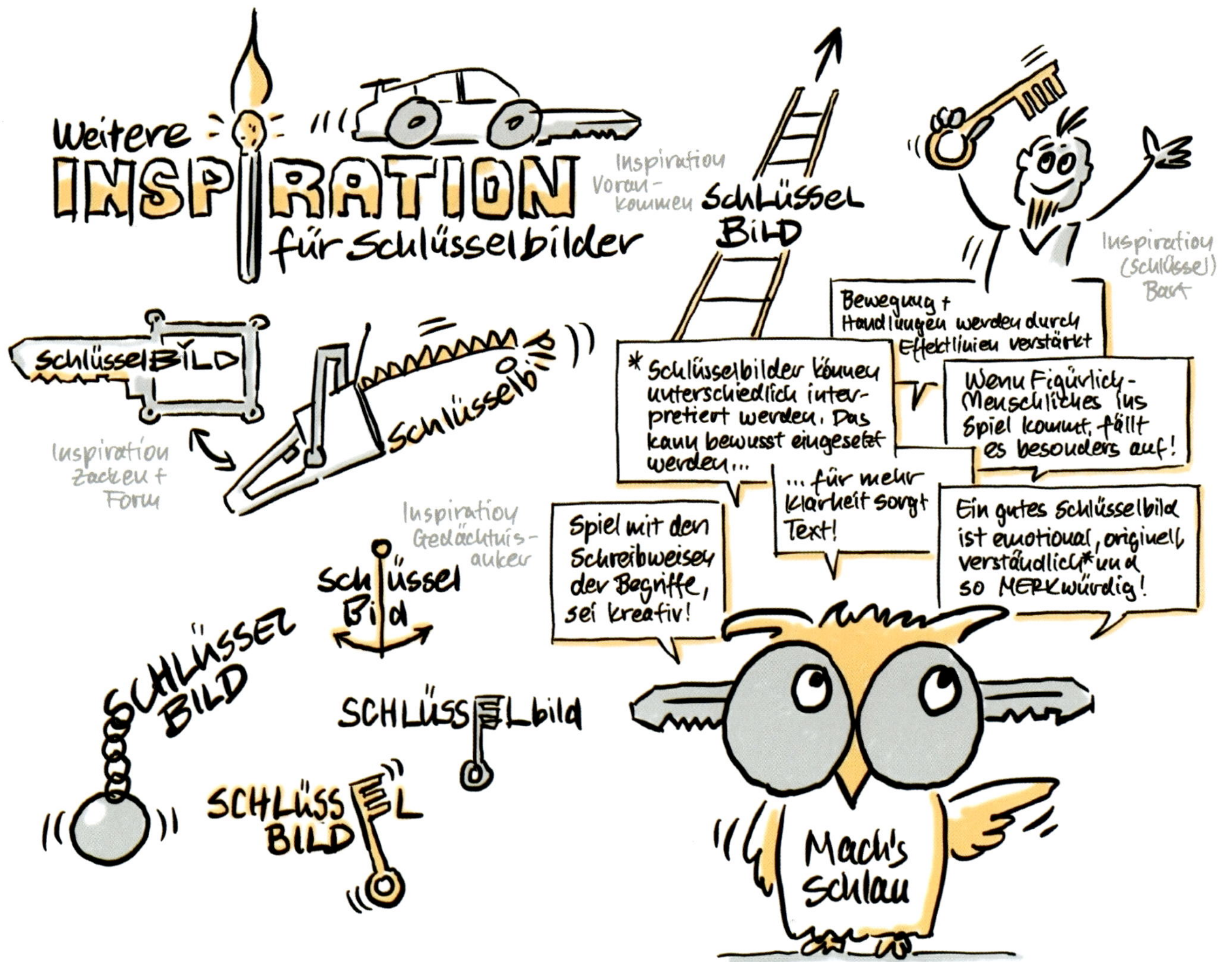

Weitere
INSPIRATION
für Schlüsselbilder
Inspiration Voran-kommen
SCHLÜSSEL BILD
Inspiration (Schlüssel) Bart
Bewegung + Handlungen werden durch Effektlinien verstärkt
SCHLÜSSELBILD
Schlüsselbild
Inspiration Zacken + Form
* Schlüsselbilder können unterschiedlich interpretiert werden. Das kann bewusst eingesetzt werden...
Wenn Figürlich-Menschliches ins Spiel kommt, fällt es besonders auf!
... für mehr Klarheit sorgt Text!
Ein gutes Schlüsselbild ist emotional, originell, verständlich* und so MERKwürdig!
Spiel mit den Schreibweisen der Begriffe, sei kreativ!
Inspiration Gedächtnis-anker
Schlüssel Bild
SCHLÜSSEL BILD
SCHLÜSSELbild
SCHLÜSSEL BILD
Mach's schlau

Schlüssel Bilder
Schlüssel-BILD
Schlüssel-BILD
Völlig andere Bedeutung
Öffnen gedankliche Türen …
Übergang vom Schlüsselbild zur szenischen Story ist fließend!
Auch hier verändert sich die Story durch kleine Veränderungen
Mit einfachen visuellen Elementen spielen

Jetzt lernst du eine Gruppenarbeit-Methode kennen, um effektiv Schlüsselbilder zu finden. Etwas abgewandelt kannst du sie aber genauso für dich allein anwenden.

Die SymbolSafari

Diese Methode wurde durch die Kommunikationslotsen und das Buch »UZMO – Denken mit dem Stift« von Martin Haussmann zu einem Visualisierungsklassiker. Die SymbolSafari kann an unterschiedliche Rahmenbedingungen und Gruppengrößen angepasst werden. Für diese Anpassung werden dir die ZEichN©-Methode und speziell der Quadrant 2 »Ziele und Rahmen« nutzen.

Und so gelingt dir deine SymbolSafari:

1) Vorbereitung

Bereite eine Metaplanwand vor. Zeichne einen Kreis, wie rechts dargestellt, in die Mitte des Blattes.

Stelle optional eine Bilderwand zur Inspiration zusammen. Je mehr verschiedene Bildmotive es sind, umso kreativer werden die Ergebnisse sein und umso weniger wird nur einfach kopiert. Du kannst dafür entweder fertige Symbolbibliotheken nutzen oder speziell für das Thema Symbole zusammenstellen. Mein Tipp: Statt Symbolbibliotheken im Sketch-Style kannst du auch Fotos nutzen oder beides kombinieren.

Erkläre Methode und Prozessschritte. Je klarer die Aufgaben sind, umso besser gelingt das Ergebnis.

2) Text-Brainstorming

Der Begriff, für den das Schlüsselbild gefunden werden soll, wird zentral in die Mitte des Kreises geschrieben. Achte dabei auf genügend Platz im und um den Kreis für die weiteren Schritte.

Assoziieren und Notieren von Stichworten, die den Hauptbegriff umspielen. Hier kann variiert werden: Der Moderator schreibt auf Zuruf der Teilnehmenden; die Teilnehmenden schreiben ihre Begriffe auf Metaplanwandkarten oder Post-its selbst; bei kleinen Gruppen schreibt jeder selber direkt auf die Metaplanwand.

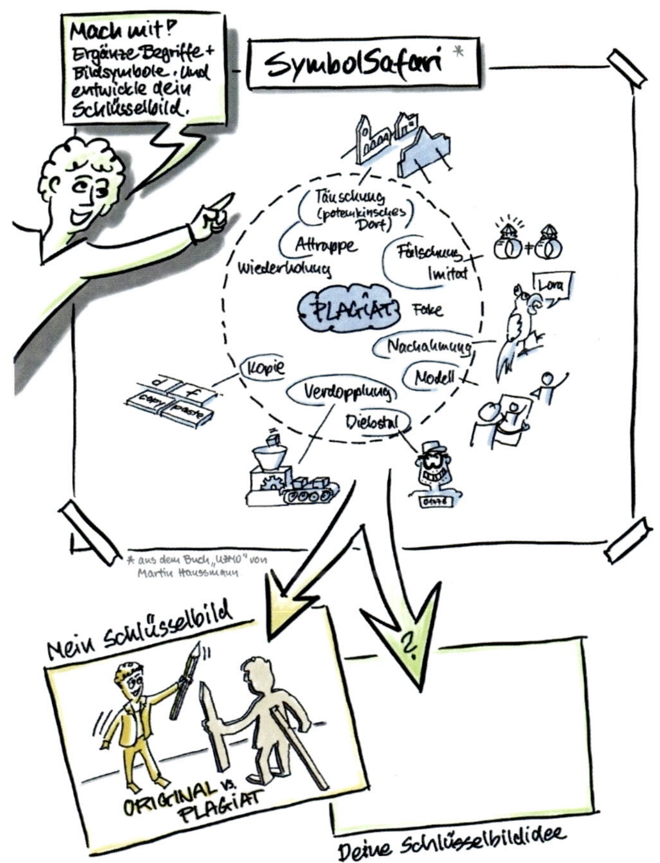

Achte bei jeder Brainstorming-Variante darauf, dass Dopplungen der Stichworte vermieden werden und dass rechtzeitig der Brainstorming-Prozess gestoppt wird. Zu viele Begriffe machen die Darstellung unübersichtlich. Auch Metaphern und Begriffe, die vom Prozess inspiriert werden, sollten mitnotiert werden.

3) Bild-Brainstorming

Entwickle zu den Begriffen Bildsymbole und ordne diese zu. Diese werden außerhalb des Kreises skizziert oder angeheftet. Wenn die SymbolSafari mit einer Inspirationsbilderwand durchgeführt wird, werden dafür auch diese visuellen Elemente, eins zu eins übernommen oder verändert, genutzt.

4) Entwickeln von Schlüsselbildern

Die in 3) gefundenen Bildsymbole werden nun verbunden, kombiniert oder in Teilen ersetzt. Hier kommen die Techniken zum Einsatz, die du gerade gelernt und geübt hast. Sketche aber keine komplexe Bildergeschichte – es soll ein Schlüsselbild bleiben.

27: Schlüsselbilder PLUS

Worte sind mehr als reine Bedeutungsträger

Gerade beim Brainstorming oder Brainwriting passiert meist Folgendes: Die Stichworte haben nur inhaltliche Bedeutung und keine sprachliche Kraft. **Du lernst in diesem Impuls, wie du die kreative Kraft der Sprache für originellere Schlüsselbilder nutzen kannst.** Du lernst eine Methode für Schlüsselbilder PLUS.

Gute Texte und ausdrucksstarkes Sprechen leben von Klang, Rhythmus und dem Ausdruck zwischen den Zeilen. Diese Vielfalt sprachlichen Ausdrucks wird dir bewusst, wenn du dir die klassischen Sprachgattungen jetzt in Erinnerung rufst: **Prosa** erzählt Geschichten und vermittelt Informationen auf eine klare und direkte Weise. Dies kann erzählerisch bunt oder auch sachlich geschehen. **Lyrik** drückt Emotionen und Stimmungen komprimiert, metaphorisch, klangvoll und rhythmisch aus. Verse, Strophen, metrische Muster oder Reime ordnen und gliedern dabei die Worte. **Dramatik** ist die Sprache für die Theater- und Filmbühne – und ist entsprechend gut für Storytelling geeignet. Dialoge und Regieanweisungen machen die Interaktion der Charaktere, die Emotionen und Beziehungen und die Umgebung deutlich. Du wirst die Metapher der Zeichenbühne (Seite 35) damit noch besser verstehen.

Visualisierung ist Sprache – und diese Sprache wird ausdrucksvoller, wenn du alle Sprachformen in dein Visualisieren integrierst. Zusammen mit der Kommunikationspädagogin, Sprecherzieherin und Sprachkünstlerin Ulrike Möller habe ich über die Jahre Trainingsansätze entwickelt, die Sprechen, Schreiben und Visualisieren verbinden. **Das Ziel: mehr Ausdruck in der Kommunikation, mehr Lebendigkeit in der Kollaboration.** Diesen Ansatz geben wir in Workshops an Dozenten, Coaches, Trainer, Führungskräfte, Projekt- und Teamleiter weiter.

Die 360-Grad-Methode für Schlüsselbilder

Mit dieser Methode verbindest du Sprachkreativität mit visueller Kreativität

Ein Grundgedanke und eine Beobachtung hinter diesem Ansatz sind: **Menschen sind verschieden, nicht jeder mag Safari und Abenteuer.** Nicht jeder mag das Tempo von Brainstormingmethoden in der Gruppe. So fließen wichtige Gedanken der Stilleren, der nicht so Tempo- und Wettbewerbsorientierten oft nicht in das Schlüsselbild mit ein. Bei der 360-Grad-Methode wird zudem berücksichtigt, dass Menschen sehr unterschiedliche Präferenzen und Zugänge zu Texten und Bildern haben. Deshalb nutzen wir nicht nur ein breiteres Spektrum an Sprach-, sondern auch an Bildinspirationen.

Dichten lassen statt selber dichten! Seit Anfang 2023 integrieren wir den KI-Sprach-Bot ChatGPT in die 360-Grad-Methode. Mit großem Erfolg. So kommt man noch schneller zu originellen, unverbrauchten und aussagekräftigen Schlüsselbildern. Die Methode funktioniert genauso als Gruppenmethode wie auch für sich allein.

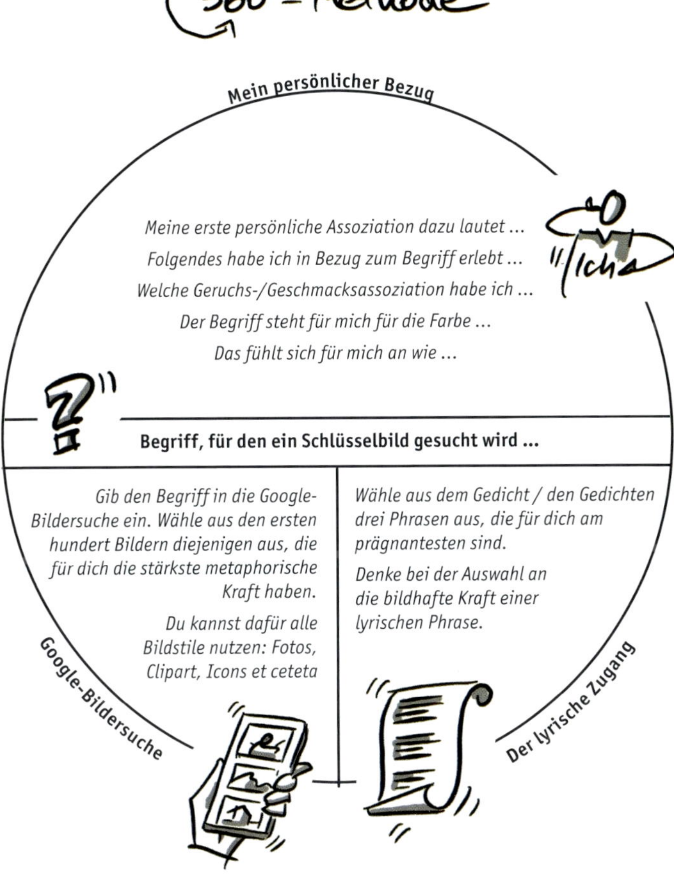

1) Bereite die Metaplanwand oder Tischvorlage vor. Mach's dir einfach mit der Vorlage im Downloadbereich.

2) Erkläre die Methode und den Prozess. Es bietet sich an, diese Methode bedarfsorientiert anzupassen. Überlege, wann, wie oder ob du diese Methode für die Gruppenarbeit öffnest. Hier hast du viele Möglichkeiten.

3) Beantworte zuerst die Fragen bezüglich deines persönlichen Bezugs zum Begriff im oberen Halbkreis. Die beiden unteren Felder beeinflussen sonst zu stark deine Antworten. Jeder Teilnehmende macht das für sich.

4a) Entweder stellst du das ChatGPT-Gedicht zur Verfügung oder die Teilnehmenden generierten es selbst. Die Eingabe ist: *Schreib ein Gedicht zum Begriff* ... Das Ergebnis wird ein anderes sein, wenn du die Eingabe variierst: *Schreib eine Ballade, schreib ein Liebesgedicht, schreib eine Ode* ... Wichtig: Trage das Gedicht ausdrucksstark laut vor. Mach's dramatisch. In der Gruppe ist das meist auch für einen Lacher gut. Danach wähle die für dich besten drei Textstellen aus.

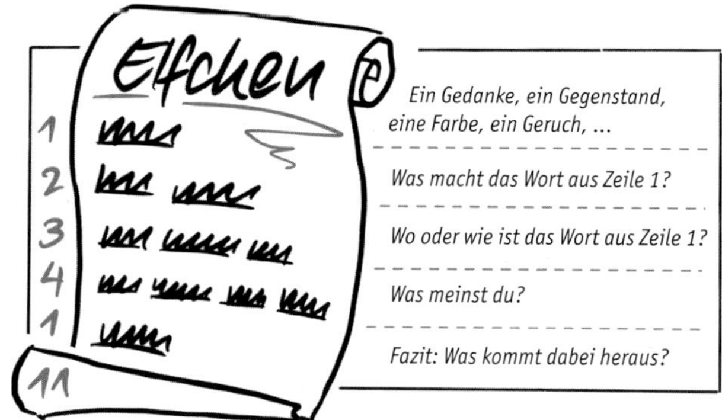

4b) Dichte ein Elfchen. Entweder zusätzlich oder statt des ChatGPT-Gedichts. So eine Gedichtform gelingt schnell und einfach mit oben stehender Anleitung. Danach wähle zwei der für dich stärksten Worte des Elfchens aus.

5) Gib den Begriff in die Google-Bildersuche ein und lasse dich von den ersten circa hundert Bildern inspirieren. Das Gute dabei – es werden dort Bilder erscheinen, die auf den ersten Blick nichts mit dem Thema zu tun haben. Manchmal bringen einen gerade diese Bilder auf eine besondere Idee. Es kann auch hilfreich sein, die Suche zudem nur auf Cliparts einzuschränken. Wähle die drei für dich stärksten Bildideen aus und skizziere sie ganz einfach nach. Du hast ja schon auf Seite 43 einen Tipp bekommen, wie du Fotos vereinfacht abskizzieren kannst. Bei späterer Gruppenarbeit macht es Sinn, diese Sketches gleich auf Metaplanwandkarten oder Post-its zu sketchen.

Wenn du die Methode für dich allein anwendest, entfällt jetzt die Gruppenarbeitsphase und du machst gleich mit Punkt 7 weiter. Gönne dir stattdessen eine kleine Reflexionsphase und ergänze Symbole außerhalb des Kreises, wenn dir welche einfallen.

6) In der anschließenden Gruppenarbeit werden jetzt alle Ergebnisse in einem Bild zusammengefasst. Jeder schreibt beziehungsweise skizziert in das entsprechende Segment seine Ergebnisse. Die Alternative dazu: Du als Moderator überträgst die Ergebnisse von den Vorlagen der Teilnehmenden auf das große Format. Dazu eignen sich Pausen besonders gut. Mit der Entwicklung des Schlüsselbildes wird danach gemeinsam begonnen. Bei manchen Gruppen ist es angebracht, dass die Beiträge der Teilnehmenden anonym vom Moderator auf der Metaplanwand platziert werden.

7) Nun werden in der Gruppenarbeit die Begriffe in den Segmenten diskutiert und beispielsweise durch eine Punktevergabe priorisiert. So reduzieren sich die Inspirationen auf wenige Worte und Symbole. Wenn den Teilnehmenden während des Auswahlprozesses weitere Symbole einfallen, sollen diese ebenso skizziert festgehalten werden.

8) Jetzt geht es ähnlich weiter wie bei der SymbolSafari. Lass dich vom Inhalt der Kreissegmente inspirieren und entwickle einfache Symbole, die du außerhalb des Kreises skizzierst. In der Gruppenarbeit macht das jeder für sich auf Kärtchen bzw. Post-its, die dann im Abschluss dieser Phase angepinnt werden.

9) Die Einzelbilder werden wieder gesichtet und dienen als Inspiration für ein oder mehrere Schlüsselbilder. In der Gruppenarbeit macht das jeder wieder für sich allein.

10) In der Gruppenarbeit werden nun alle Schlüsselbilder präsentiert. Eventuell werden wieder die besten in einem Entscheidungsprozess ausgewählt.

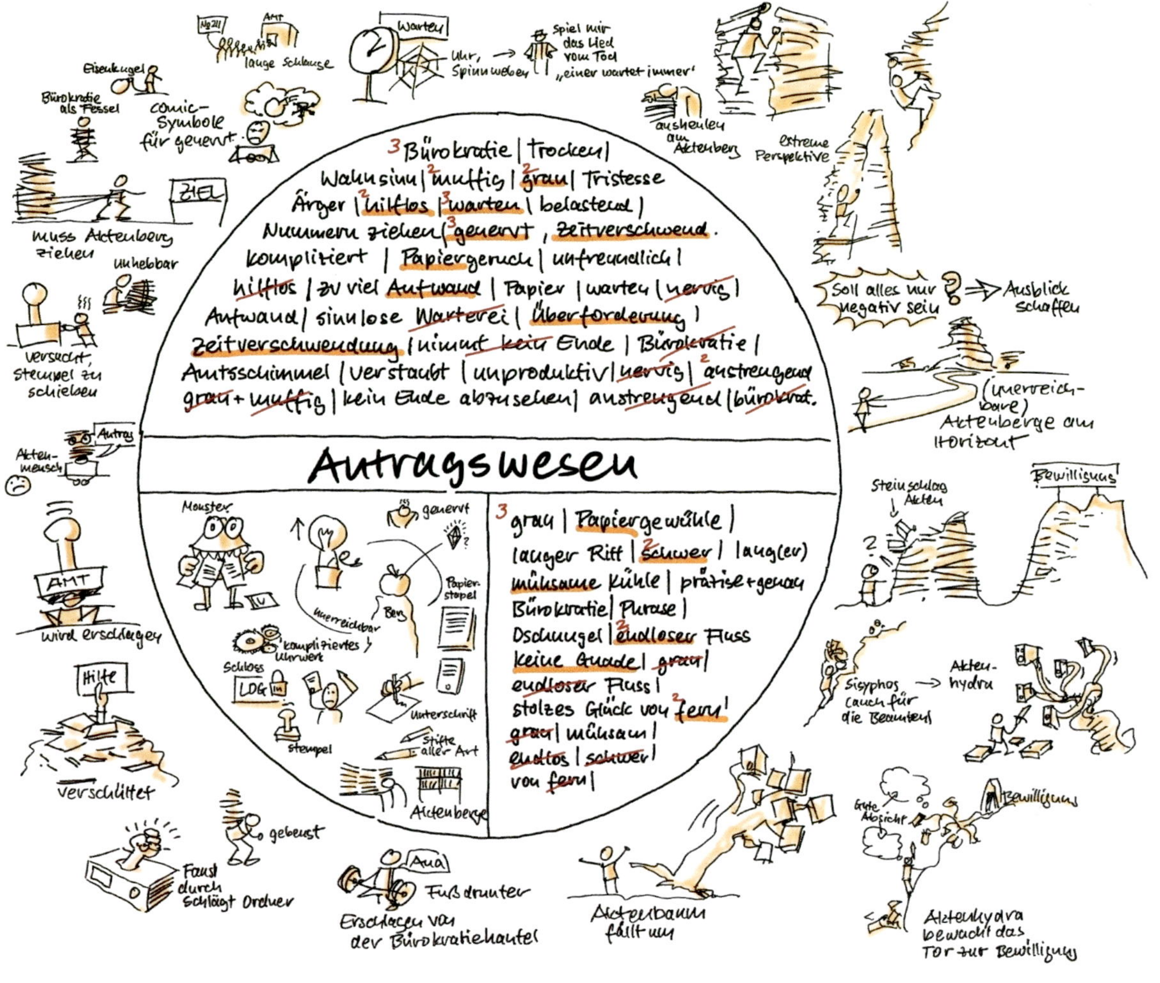

Antragswesen
3 Bürokratie | trocken |
Wahnsinn | 2 muffig | 2 grau | Tristesse
Ärger | 2 hilflos | 3 warten | belastend |
Nummern ziehen | 3 genervt, Zeitverschwend.
kompliziert | Papiergeruch | unfreundlich |
hilflos | zu viel Aufwand | Papier | warten | nervig |
Aufwand | sinnlose Warterei | Überforderung |
Zeitverschwendung | nimmt kein Ende | Bürokratie |
Amtsschimmel | verstaubt | unproduktiv | nervig | 2 anstrengend
grau + muffig | kein Ende abzusehen | anstrengend | bürokrat.
3 grau | Papiergewühle |
langer Ritt | 2 schwer | lang(er)
mühsame Kühle | präzise + genau
Bürokratie | Phrase |
Dschungel | 2 endloser Fluss
keine Gnade | grau |
endloser Fluss |
stolzes Glück von 2 fern |
grau | mühsam |
endlos | schwer |
von fern |
Monster
generft
unerreichbar
Berg
Papierstapel
kompliziertes Uhrwerk
Schloss
LOG
Unterschrift
Stempel
Stifte aller Art
Aktenberge
lange Schlange
Eisenkugel
Bürokratie als Fessel
Comic-Symbole für genervt
Warten
Uhr, Spinnweben
Spiel mir das Lied vom Tod „einer wartet immer"
ausheulen am Aktenberg
extreme Perspektive
ZIEL
muss Aktenberg ziehen
unhebbar
versucht, Stempel zu schieben
Antrag
Aktenmensch
AMT
wird erschlagen
Hilfe
verschüttet
Faust durch schlägt Ordner
gebeugt
Aua
Fuß drunter
Erschlagen von der Bürokratiehantel
Aktenbaum fällt um
Soll alles nur negativ sein?
Ausblick schaffen
(unerreichbare) Aktenberge am Horizont
Steinschlag Akten
Bewilligung
Sisyphos (auch für die Beamten)
Aktenhydra
Gute Absicht
Bewilligung
Aktenhydra bewacht das Tor zur Bewilligung

Chat-GPT-Gedicht (mit drei spontanen Anpassungen)

Im Amt der Bürokratie, grau und schwer,
Liegt das Antragswesen, immer mehr.
Formulare, Dokumente, Papiergewühle,
Im Dschungel der Anträge, eine mühsame Kühle.

Ein Antrag auf Antrag, in dreifacher Ausfertigung,
Mit Stempel und Unterschrift, ohne Abkürzung.
Die Worte müssen präzise und genau sein,
Sonst gibt's kein Weiterkommen, das ist der Schein.

Die Wartezeit dehnt sich wie ein endloser Fluss,
Geduld ist gefragt, doch die Zeit verrinnt zum Verdruss.
Man hofft und bangt, dass der Antrag bewilligt wird,
Doch bis zur Entscheidung ist es ein langer Ritt.

Doch manchmal ist's schwer, es gibt keine Gnade,
Der Antrag wird abgelehnt, es bleibt keine Parade.
Der Traum zerschellt, wie eine zerbrochene Vase,
Lag's an einer unverständlichen Bürokratie-Phrase

Drum reiche mutig ein Gesuch, nur nicht verzagen,
Auch wenn das Antragswesen dich möchte verjagen.
Denn irgendwo im Amt, da gibt es die, die helfen gern,
Und machen aus dem Antrag ein stolzes Glück von fern.

Mein Elfchen und Schlüsselbild

Der Wechsel von Einzelarbeit und Gruppenarbeit macht diese 360-Grad-Methode besonders wirkungsvoll. Auch der persönliche Bezug zum Begriff tut dem Schlüsselbild gut. Bei großen Gruppen ist ein Format größer als eine Metaplanwand noch besser geeignet. Nebenstehend findest du so ein Whiteboard-Wandbild, das im Rahmen eines Online-Workshops entstanden ist.

Übung 41: Entwickle mit dieser 360-Grad-Methode ein Schlüsselbild zum Begriff »Durchhalten«. Statt nur ChatGPT zu nutzen, kannst du bei vielen Begriffen alternativ nach Zitaten zum Thema googeln. Und dichte auch ein Elfchen. Das dauert nicht lang und macht Spaß.

Wilhelm Busch: »Ausdauer wird früher oder später belohnt – meistens aber später.« Marie von Ebner-Eschenbach: »Wer Geduld sagt, sagt Mut, Ausdauer, Kraft.« Konfuzius: »Ist man in kleinen Dingen nicht geduldig, bringt man die großen Vorhaben zum Scheitern.«

28: Bessere Storys durch AEIOU

Design Thinking meets Visualisierung

Hast du schon einmal von der AEIOU-Kreativitätstechnik gehört? Sie ist eine Methode aus dem Design Thinking. Design Thinking wird heute in der Produktentwicklung, insbesondere für Software, erfolgreich angewendet. **AEIOU gibt auch deiner visuellen Story Tiefgang, dient als Kollaborationstool und hilft beim Ausgestalten einer Bildlandschaft.** Bildlandschaft bezeichnet eine erzählerische Visualisierung im großen Format mit vielen Details (Seite 165). Weitere Beispiele dafür findest du auch im Downloadbereich.

Die einzelnen Aspekte der AEIOU-Methode erschließt du dir am besten durch die W-Fragen der Sketchnote:

A – Activities, Aktivitäten: Betrachte die Aktivitäten oder Handlungen, die mit dem Thema oder der Problemstellung in Verbindung stehen. Was wird bereits getan? Welche Schritte oder Aktionen sind relevant?

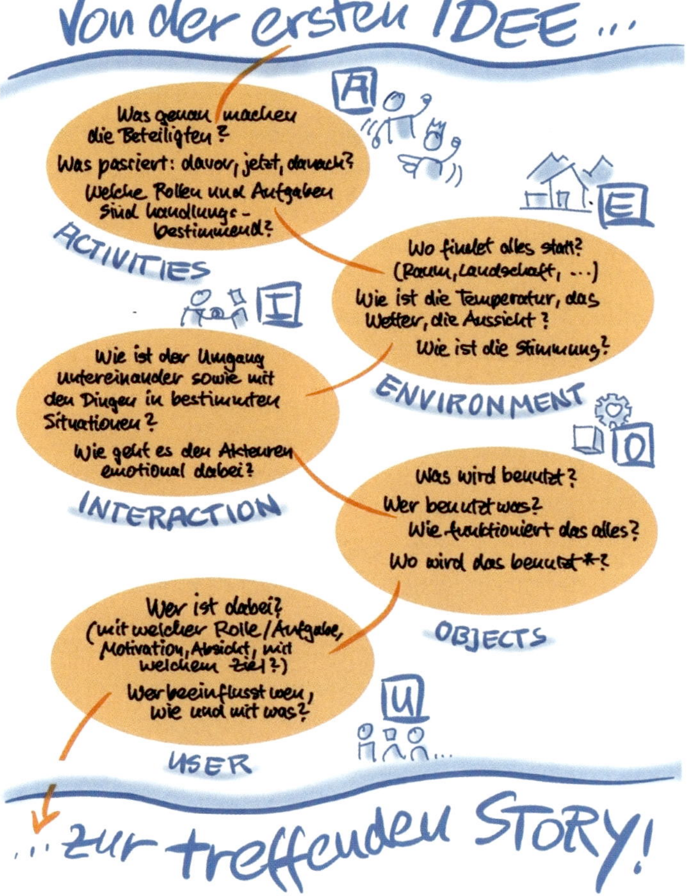

Von der ersten IDEE ...
Was genau machen die Beteiligten? Was passiert: davor, jetzt, danach? Welche Rollen und Aufgaben sind handlungs-bestimmend?
ACTIVITIES
Wo findet alles statt? (Raum, Landschaft, ...) Wie ist die Temperatur, das Wetter, die Aussicht? Wie ist die Stimmung?
ENVIRONMENT
Wie ist der Umgang untereinander sowie mit den Dingen in bestimmten Situationen? Wie geht es den Akteuren emotional dabei?
INTERACTION
Was wird benutzt? Wer benutzt was? Wie funktioniert das alles? Wo wird das benutzt?
OBJECTS
Wer ist dabei? (mit welcher Rolle/Aufgabe, Motivation, Absicht, mit welchem Ziel?) Wer beeinflusst wen, wie und mit was?
USER
... zur treffenden STORY!

E – Environment, Umgebung: Untersuche die Umgebung, in der das Thema oder Problem auftritt. Welche räumlichen, zeitlichen oder sozialen Bedingungen sind entscheidend? Gibt es bestimmte Umstände, die berücksichtigt werden müssen? Denke dabei auch an weiche Faktoren wie Stimmung und menschliche Atmosphäre.

I – Interaction, Interaktion: Mache dir Gedanken über die Interaktionen zwischen Personen und Objekten im Zusammenhang mit dem Thema. Wer ist beteiligt? Welche Beziehungen bestehen zwischen den Beteiligten und Objekten? Wie beeinflussen sie sich gegenseitig?

O – Objects, Objekte: Identifiziere die relevanten Objekte oder Materialien im Themenzusammenhang. Welche physischen Gegenstände spielen eine Rolle? Welche Werkzeuge oder Ressourcen sind vorhanden?

U – User, Nutzer, Nutzungskontext: Denke über den Kontext nach, in dem das Thema oder Problem auftaucht. Wie wird es genutzt? Welche Bedürfnisse oder Anforderungen werden erfüllt? Wie kann das Thema in den vorhandenen Kontext eingebettet werden?

Durch das systematische Durchgehen dieser Aspekte und das Beantworten der Fragen wirst du garantiert neue Einsichten für deine Story gewinnen. Du kannst diese fünf Aspekte mit sicheren Trittsteinen im Fluss vergleichen, die dir helfen, ein gefährliches Gewässer sicher zu überqueren. Auch beim Storytelling kommt es darauf an, nicht abzutreiben, sondern von Anfang an auch an ein gutes Ende zu kommen. Mit AEIOU findest du den roten Faden deiner Story und Visualisierung.

Die AEIOU-Methode ist ebenfalls sehr gut dazu geeignet, dich auf eine visuelle Präsentation vorzubereiten. Optimal vorbereitet vermeidest du Stress und unliebsame Überraschungen.

Übung 42: Entwickle eine Bildlandschaft mit der *AEIOU-Methode* zum Thema »Stress vermeiden«. Spiele dabei mit der Idee der fünf Trittsteine, die dich stressfrei zum Ziel führen. Auch Figuren mit Sprech- und Gedankenblasen werden dir dabei helfen, deiner visuellen Story Tiefgang zu geben.

29: Der VISUALIZER

Passgenau visualisieren

Der VISUALIZER ist als visuelle Eselsbrücke im Rahmen meiner Universitätsseminare »Visualisieren für Lehre und Lernen« entstanden. Der Nutzen des nebenstehenden VISUALIZERS als Tool für schlüssigere Infovisualisierungen ist die optimale Vorbereitung auf die praktische und schriftliche Abschluss-Zertifizierung.

Mit dem VISUALIZER gestaltest du deine Visualisierungen passgenau für einen bestimmten Zweck, eine bestimmte Zielgruppe, ein bestimmtes Thema und Kommunikationsziel. Sieh den VISUALIZER als dein Mischpult, das dich dabei unterstützt, mit deinen Visualisierungen den passenden Ton für die Situation und Zielgruppe zu treffen. Genauso wie bei einem Musikstück muss die Abmischung für die große Rockbühne eine andere sein als für den Streamingdienst. Wieder gibt es kein Richtig oder Falsch, sondern nur ein Passend oder Unpassend.

Probier es aus: Gehe in Gedanken alle Einstellungsmöglichkeiten des Visualizers durch, bevor du den Stift für eine umfangreichere Sketchnote in die Hand nimmst. Dieser Mehraufwand lohnt sich.

Und nun zur Benutzeroberfläche:

Zeigeruhren – Anwendungsbereich wählen: Mach dir klar, was dein Hauptaspekt der Visualisierung ist. Bei Mischformen pegele deinen Anwendungsbereich aus.

Schieberegler – Kommunikationsform: Diese Regler kannst du unabhängig voneinander bewegen. Damit legst du wichtige Faktoren für deinen Kommunikationsrahmen fest.

Joystick – Visualisierungsstil und Infocharakter: Dieser Regler macht dir klar, dass du dich entscheiden musst. Du kannst beispielsweise nicht zugleich abstrakt und bildhaft visualisieren. Das widerspricht aber nicht der Möglichkeit, dass in einer Bildlandschaft auch abstrakte visuelle Elemente verwendet werden können. Es geht um den Grundcharakter.

Checklisten-Anzeigelämpchen: Am Schluss deiner Vorbereitung sollten hier alle Lämpchen grün leuchten.

Präge dir den VISUALIZER ein. Am besten gelingt es dir, wenn du dir vorstellst, du würdest den VISUALIZER sogar konkret bedienen. Stell dir vor, wie du die Regler gegen Widerstand schiebst und wie sich der gummierte Joystick anfühlt. Gerade haptisches Erleben und Tun prägt sich besonders ein. Du erinnerst dich: Eine weitere Codierung (Seite 28) unterstützt nachhaltiges Lernen.

Übung 43: Skizziere den VISUALIZER. Ein Tipp dazu: Präge dir die zunächst die Grundstruktur ein: sieben Anzeigeuhren, vier Schieberegler, ein Joystick, fünf Checklisten-Anzeigelämpchen. Dann merke dir die Begriffe zu den jeweiligen Bedienfeldern.

Ein Bedienfeld-Layout ist ein Anwendungsbereich, bei dem sich gute Visualisierung auszahlt. **Struktur und Übersichtlichkeiten macht Verstehen und Merken einfacher.** Eine Idee für deine nächste Visualisierung?

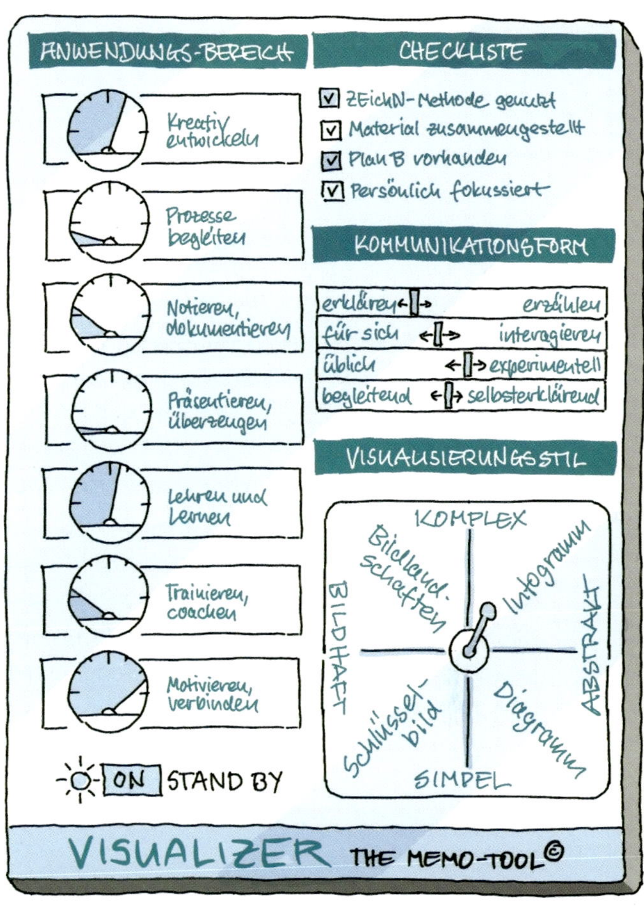

30: Mehr HAND und FUß

Be-Greifen darstellen – von der Dürer-Hand zur einfachen Vier-Finger-Comic-Hand

Ich kenne das aus vielen Workshops: **In über fünfundneunzig Prozent aller Fälle reichen die einfachsten Handformen, die du schon auf Seite 50 gelernt hast, völlig aus.** So sind Anfänger gegenüber Könnern nicht im Nachteil.

Und doch fasziniert viele Teilnehmende das Skizzieren von realistischeren Handgesten. **Hast du auch Lust auf das Aha-Erlebnis, zu begreifen, wie man Greifen darstellt?** Das realistische Sketchen von Händen trainiert darüber hinaus dein Perspektivverständnis von komplexeren nicht geometrischen Formen im Raum. Das bringt dich als Visualisierer weiter.

Sehr realistisch eine Hand zu zeichnen ist schwer, es ist ein echtes KUNSTstück. Albrecht Dürer zeichnete seine betenden Hände auch, um zu zeigen, wie gut er war.

Die klassische Comic-Disney-Hand ist dagegen schnell zu lernen. Das musste auch so sein, damit die Zeichnercrew schnell eingelernt werden konnte. Damit es noch einfacher und schneller geht, verzichtete man in den Studios sogar auf einen Finger. Mit dem Üben der Disney-Hand verschaffst du dir die Basis für alle weiteren Hand-Styles. Nun dazu einige Tipps:

Grundformen: Zeichne die Handfläche als ein Oval. Je nach Position der Hand musst du perspektivisch denken. Das gilt auch für die Finger.

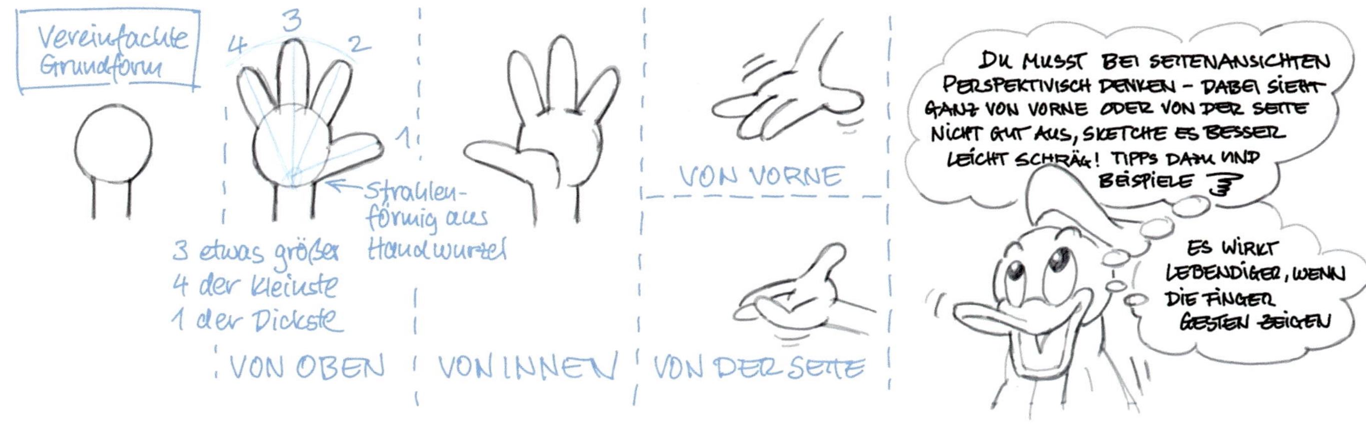

Finger: Zeichne abgerundete Zylinder für die Finger. Achte darauf, dass die Finger in unterschiedlichen dynamischen Positionen angeordnet sind.

Daumen: Der Daumen definiert, ob es eine linke oder rechte Hand ist. Positioniere den Daumen an der Seite des Handflächenovals. Schau gleich auf deine Hände.

Details: Kleine, vereinfachte ovale Formen für Knöchel und Fingernägel machen die Hand ausdrucksstärker. Betone die Schattenseite durch einen dickeren Strich.

Effekte: Denke an die Speedlines für Bewegung. Auch der Einsatz von Schatten macht die Hand gleich viel plastisch-realistischer.

Disney-Comic-Hände sind Verstärker für den Ausdruck und die Charakteristik der Figur.

Aufgabe 44: Übe die Disney-Hände durch Nachzeichnen und versuche dich an Varianten.

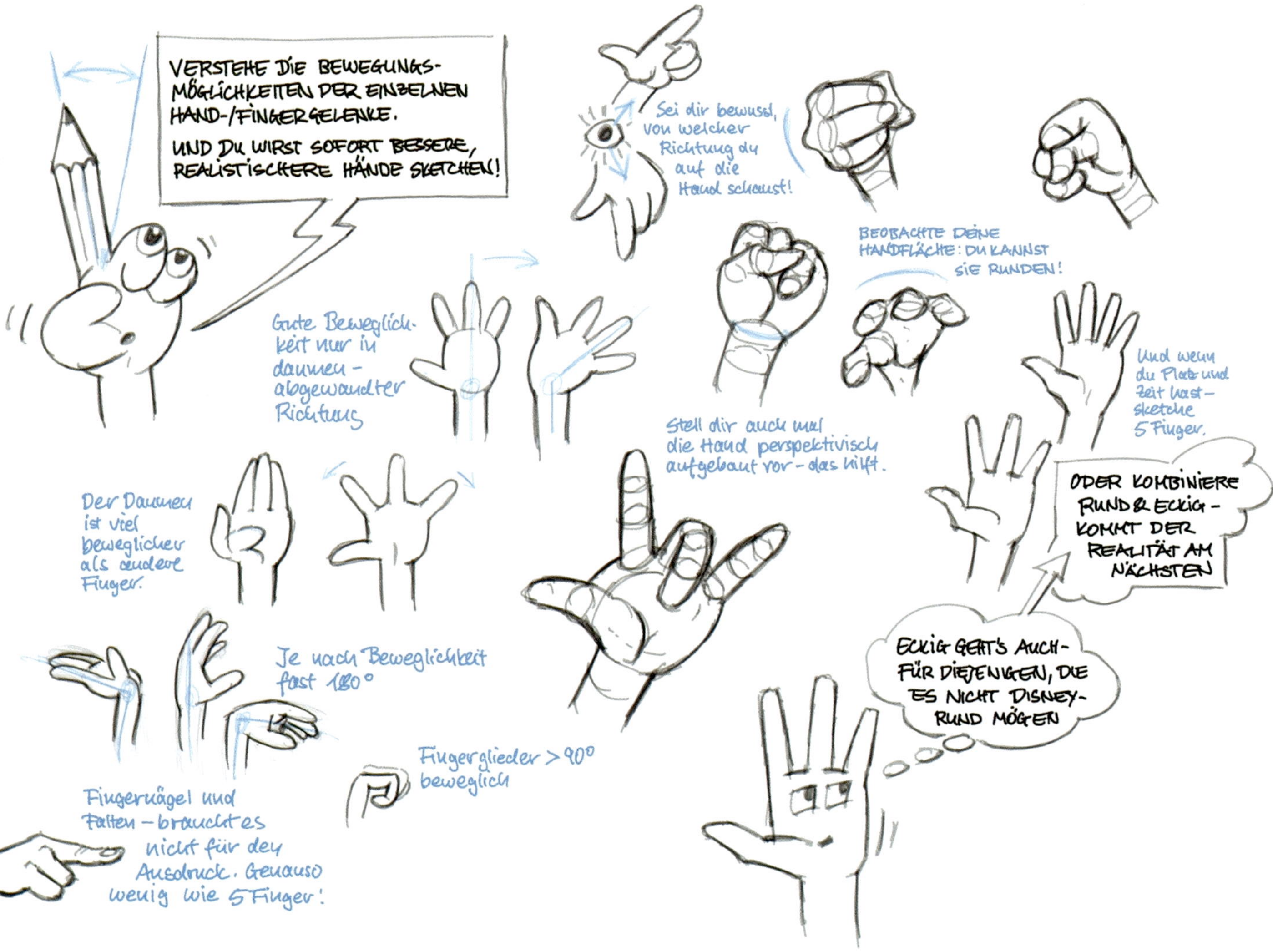
VERSTEHE DIE BEWEGUNGS-MÖGLICHKEITEN DER EINZELNEN HAND-/FINGERGELENKE.
UND DU WIRST SOFORT BESSERE, REALISTISCHERE HÄNDE SKETCHEN!
Sei dir bewusst, von welcher Richtung du auf die Hand schaust!
BEOBACHTE DEINE HANDFLÄCHE: DU KANNST SIE RUNDEN!
Gute Beweglichkeit nur in daumen-abgewandter Richtung
Und wenn du Platz und Zeit hast – sketche 5 Finger.
Stell dir auch mal die Hand perspektivisch aufgebaut vor – das hilft.
Der Daumen ist viel beweglicher als andere Finger.
ODER KOMBINIERE RUND & ECKIG – KOMMT DER REALITÄT AM NÄCHSTEN
Je nach Beweglichkeit fast 180°
ECKIG GEHT'S AUCH – FÜR DIEJENIGEN, DIE ES NICHT DISNEY-RUND MÖGEN
Fingerglieder > 90° beweglich
Fingernägel und Falten – braucht es nicht für den Ausdruck. Genauso wenig wie 5 Finger!

Experimentiere, skizziere nach und bekomme ein gutes Gefühl für ausdrucksstarke Handgesten – egal, in welchem Style!

Füße verraten oft mehr als ein Lügendetektor

Hebe die Ausdruckskraft deiner menschlichen Figuren auf ein neues Level. Lasse künftig auch Füße und Beine sprechen.

Füße und Beine sind ein Spiegel unseres Unterbewusstseins! Sie drücken häufig (zurückgehaltene) Emotionen aus. Übrigens ist für mich als Schwabe der »Fuaß« gleichbedeutend mit dem »Haxa«. Das Wort Bein gibt es im Schwäbischen nicht.

Erfahrene Verhörspezialisten beobachten, ebenso wie Psychologen, deshalb genau kleinste Bewegungen der Füße und Beine. Denn selbst wenn es uns recht gut gelingt, Mimik, Haltung und Armbewegungen bewusst zu kontrollieren – mit unseren Füßen gelingt uns das weniger. Füße sind meist verborgen, beziehungsweise sind sie uns nicht so bewusst als Ausdrucksträger. Wir trainieren es also weniger, sie zu kontrollieren. Joe Navarro, FBI-Verhörspezialist und Buchautor über Körpersprache, drückte es so aus:

»Die Füße sind unsere ehrlichsten Körperteile.«

Du erinnerst dich an den Impuls über Körpersprache: **Körpersignale sind mehr Indizien als Fakten. Oft hat die Körpersprache banale Ursachen:** Jemand bewegt seinen Fuß, weil es ihn einfach nur juckt. Unsere Körpersprache ist nicht nur naturgegeben instinktiv, sondern weist große individuelle Unterschiede auf. Auch können wir unsere Körpersprache teilweise an- und umtrainieren. Gerade die Körpersprache von Frau und Mann ist unterschiedlich – auch aus körperlichen Gründen. Allen Genderanstrengungen zum Trotz. In manchem Mann steckt einfach ein balzender Gockel. Die gleiche Körpergeste kann dementsprechend bei einem anderen Geschlecht oder Alter etwas anderes bedeuten.

Verständliche Symbole und Visualisierungen profitieren von diesen Klischees und Vereinfachungen. Nicht jeder läuft bei Ärger wirklich rot an, lässt bei Stress Schweißtropfen fliegen und macht bei Freude hohe Luftsprünge – und trotzdem werden diese klischeehaften und überzeichneten Körpersignale verstanden. Die meisten sogar kulturübergreifend.

Aufgabe 45: Setz und stell dich vor einen Spiegel. Spiele verschiedene Gefühlsregungen durch und achte auf deine Füße und Beine. Skizziere deine verschiedenen Haltungen und Bewegungen nach.

Noch ein Tipp: Beobachte ab heute, wie viel Raum Beine in verschiedenen Situationen einnehmen. Beim Rennen, beim Ins-Auto-Steigen, beim Auf-dem-Stuhl-Sitzen. Du wirst überrascht sein, wenn du die Realität mit den Figuren vergleichst, die du üblicherweise skizzierst.

31: Denken wie SHERLOCK

Besser erklären und verstehen mithilfe der Deduktion und Induktion

Visualisieren hilft beim Denken. Deshalb lernst du jetzt zwei wissenschaftliche Methoden für mehr Erkenntnis kennen. Sie nutzen dir beim Visualisieren genauso wie Sherlock Holmes beim Ermitteln und den alten Griechen beim Philosophieren. Du kennst aus Kriminalfilmen die Glasscheiben oder Wände mit Fotos, Schnüren und Notizen als Visualisierung des Ermittlungsstands. In einem Workshop für Kripobeamte durfte ich hier weitere Visualisierungsideen einbringen. Es hat sich gezeigt: Mehr Visualisierung, mehr visuelles Storytelling bringt uns auf neue Ermittlungsansätze.

Was du von Sherlock Holmes lernen kannst:

Deduktion (lateinisch deductio = abführen) **beschreibt das Vorgehen Sherlock Holmes‘:** Dieses Logikmodell schließt von allgemeinen Gesetzmäßigkeiten auf den spezifischen Einzelfall. **Deduktion beruht auf dem Prinzip des Syllogismus:** Allgemeine Aussagen, auch Prämissen genannt, werden genutzt, um daraus eine Schlussfolgerung oder auch mehrere Schlussfolgerungen zu ziehen. Ein Beispiel dafür:

Prämisse 1: Wenn es regnet, werden die Straßen nass.

Prämisse 2: Wer auf nassen Straßen läuft, bekommt feuchte Sohlen.

Prämisse 3: Heute Nacht hat es dauerhaft geregnet.

Prämisse 4: John war heute die ganze Nacht draußen unterwegs.

Schlussfolgerung: Wenn jetzt heute Morgen John (mit den gleichen Schuhen, die er heute Nacht getragen hat) zur Tür hereinkommt, sind seine Sohlen nass.

Für logische deduktive Argumente gilt die Regel: Wenn die einzelnen Prämissen wahr sind, ist auch die Schlussfolgerung korrekt.

Bei der Induktion leiten wir von einem Einzelfall oder mehreren Einzelfällen eine Gesetzmäßigkeit her. Auch hier ein Beispiel:

Einzelfall 1: John hat nasse Sohlen und stand im Regen.

Einzelfall 2: July hat nasse Sohlen und saß im Regen.

Einzelfall 3: Mia hat nasse Sohlen nach dem Joggen im Regen.

Einzelfall 4: Hugo hat nasse Sohlen nach dem Fahrradfahren im Regen.

Gesetzmäßigkeit: Wer im Regen steht, sitzt, läuft oder Fahrrad fährt, bekommt nasse Sohlen.

Auch hier müssen die Einzelfälle verifiziert sein, um auf eine korrekte Gesetzmäßigkeit zu schließen. Denke dabei immer auch an mögliche andere Ursachen. Ein nasses T-Shirt von Aktivitäten im Regen könnte durchs Schwitzen verstärkt werden. So werden die Gesetzmäßigkeiten immer differenzierter herausgearbeitet und klar.

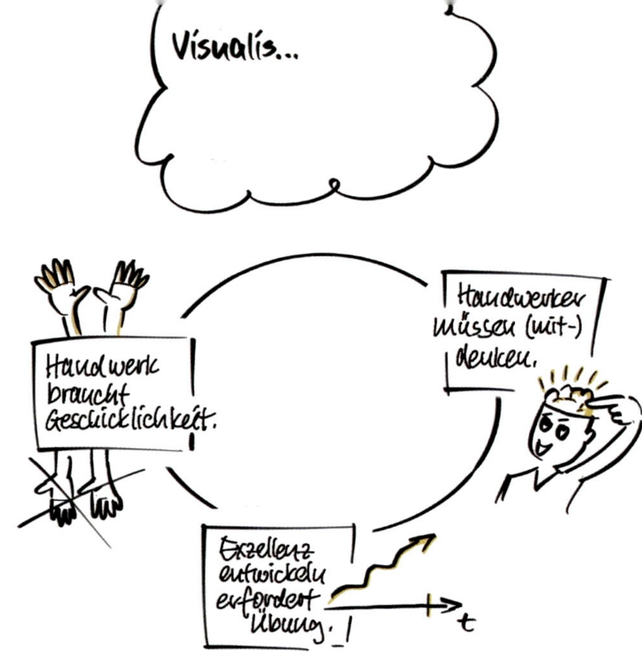

Eine Regel für das Visualisieren

Mit dem deduktivem Visualisierungsansatz erklärst du schnell, klar und logisch nachvollziehbar. Das ist eine gute Methode zur schnellen Wissensvermittlung. Sie ist besonders geeignet für visuelle Impulsvorträge.

Induktives Visualisieren regt an, mitzudenken und die Erkenntnisse selbst mitzuentwickeln. Das benötigt mehr Zeit – aber so werden aus nur staunenden Dr. Watsons aktive, Lösungen findende Sherlocks.

Gamechanger Deduktion und Induktion

Ich habe es schon häufig in Workshops erlebt: Wissen die Teilnehmenden um die unterschiedliche Argumentation bei Deduktion und Induktion, gelingt es ihnen plötzlich, induktiv zur Mitarbeit zu motivieren und deduktiv zum konzentrierten Zuhören zu bringen. Passe entsprechend dein Storytelling und dein Layout an. Ein Layout ohne genügend Freiraum erschwert die Interaktion mit den Teilnehmenden. Es eignet sich aber sehr gut zum fokussierten Erklären.

Aufgabe 46: Ergänze die Vorlage oben durch ein Fazitsymbol (Schlussfolgerung oder Gesetzmäßigkeit) und überlege, ob das ein induktives oder deduktives Infoplakat ist.

32: INSPIRIERE dich und andere

Rein in die visuelle Welt, raus aus dem Trott

Ich weiß nicht, wie dir es geht, wenn du in Workshops und Besprechungen bist. Ganz besonders, wenn du vorn stehst oder etwas anleitest. Ich persönlich freue mich über wache Blicke, über Neugier, über ansteckende BeGEISTerung. Oder drastisch ausgedrückt über Augen, die sehen wollen, statt nur zu glotzen. Alles in dem Wissen, dass wir alle selbst manchmal teilnahmslos in die Welt starren.

Je mehr du clever visualisierst, umso mehr werden dich visuelle Eindrücke anspringen. Umso neugieriger willst du mit deinen Augen, mit Herz und Hirn, mit allen deinen Sinnen die Welt erkunden. So wirst du ganz nebenbei deinen visuellen Muskel stärken und dein Erinnerungsarchiv mit Bildern und visuellen Storys füllen. Schon fünf Minuten tägliches Kritzeln sorgen für deine visuelle Kondition, genauso wie wenige Treppen täglich bereits deinen Kreislauf in Schwung halten.

Dein tägliches Kritzeln trainiert nicht nur deine Fähigkeiten, sondern macht dich auch sichtbar. Und diese Sichtbarkeit steckt viele an, selbst den Stift in die Hand zu nehmen. Wenn du das nicht glaubst: Kritzle mal im Nahverkehr, in der Kantine oder im Meeting.

Je mehr der Stift in der Hand Teil unserer persönlichen Kommunikations- und Arbeitskultur wird, umso mehr motivierst du andere zum effektiven visuellen Denken und Visualisieren.

Unsere Erfahrung, wenn wir Teams bei der visuellen Kommunikation begleiten: Es wird in kurzer Zeit eine gute Gewohnheit, gemeinsam mit dem Stift zu agieren. In unterschiedlichsten Settings: Mal sketcht man sich gegenseitig die Bälle zu. Mal skizziert einer, während ein anderer spricht und ein Dritter Karten anpinnt. Dann sind wieder alle ganz bei sich. Und später präsentiert ein Teil der Gruppe gemeinsam visuell. Diese sich einfach ergebenden Formen des visualisierenden Miteinanders bringen oft mehr Nutzen als viele durchstrukturierte visuelle Methoden, die Vorbereitungszeit kosten. Die beste Idee kommt ja auch manchmal unter der Dusche.

Jetzt einige Übungen, die dich und andere dazu inspirieren, am Visualisieren dranzubleiben. Es sind Fingerübungen, Herzübungen, Hirnübungen, Achtsamkeitsübungen mit spielerischem Ernst und als ernstes Spiel. Es sind gute Aufwärmübungen für Workshops aller Art.

Übung 47: Gehe ins Badezimmer. Schau dir in sechs Minuten drei Gegenstände genau an. Ganz genau. Auch, um die Funktionszusammenhänge zu verstehen. Dabei kommt es auch auf Größen und Proportionen an (Seite 107 ff.). Löse jeden Gegenstand zusätzlich in Gedanken in ein vereinfachtes Symbol auf, das nur aus den fünf geometrischen Grundformen aufgebaut ist. Dann verlasse das Badezimmer, warte fünf Minuten und skizziere diese drei Gegenstände aus deiner Erinnerung als Symbol- und als Ingenieurskizze.

Zusatz-Übung: Google nach Karikaturen. Worüber kannst du lachen und worüber nicht – kopiere die lustigste Karikatur möglichst genau.

Zusatz-Übung: Trainiere die Hirn-Arm-Hand-Verbindung. Stelle dir eine Birne körpergroß vor. Nun schließe die Augen und fahre diese Form körpergroß in der Luft nach. Dann mache die Luftskizze in Oberkörpergröße. Und schließlich noch in der Größe eines A4-Blattes – alles mit geschlossenen Augen und mit einem klaren Bild von deiner Vorstellung. Nun nimm ein Blatt Papier und skizziere diese Birne zunächst mit geschlossenen Augen. Dann mit offenen Augen. Und nun vergleiche.

33: FEEDBACK bringt weiter

Zehn Feedback-Aspekte: die zehn »E«

Ich habe mehrfach behauptet: »Es gibt kein Richtig und Falsch beim Visualisieren.« Diese Behauptung hat sich vor allem auf den Visualisierungsstil bezogen, auf dein Zeichnenkönnen. Aber wie kann man sich oder anderen dann überhaupt Feedback geben, um sich als Visualisierer weiterzuentwickeln? Mit den zehn »E«! **Jetzt lernst du noch zum Schluss dieses starkes Tool kennen, wie du dir selbst und anderen schnell Feedback geben kannst.** Dieses Tool ist besonders mächtig, wenn es um die Beurteilung von visuellen Präsentationen geht.

Eindeutig: Wenn du Aprikose meinst, sollte nicht Pflaume verstanden werden. Mach deine Sketches unverwechselbar. Erinnere dich an das mehrfache Codieren (Seite 28). Wenn du etwas erklärst, kann die Eindeutigkeit auch durch deine Worte entstehen.

Einfach, effizient: Mach es so einfach wie möglich. Sobald dein Gegenüber, deine Teilnehmer verstanden haben, ist die Visualisierung perfekt. Wenn du dich verkünstelst, beschäftigst du dich mehr mit deiner Visualisierung als mit den Menschen. Wenn die Teilnehmer beispielsweise mit der Gruppenarbeit beschäftigt sind, spricht aber nichts dagegen – und viel dafür – deine Visualisierungen zu ergänzen und zu verschönern.

Entstehend: Das Visualisieren im natürlichen Fluss der Gedanken fördert gegenseitiges Verständnis. So schwingt sich die Gruppe ein und geht in Resonanz. Denk an das Zitat: »Wenn du es eilig hast, gehe langsam!« Das kommt, wie du inzwischen weißt, besonders der Lesbarkeit deiner Schrift zugute. Das Gegenteil von entstehend ist, ein fertig visualisiertes Chart zu zeigen. Die Aufmerksamkeit sinkt, da jeder Zuhörer, sobald das Chart sichtbar ist, es schon überflogen oder sogar gelesen hat. Sei Macher mit dem Stift, nicht Vorleser.

Um Zeit zu sparen, kannst du aber bestimmte Elemente schon vorbereiten. Dann kannst du diese anheften, wie bei der Metaplanmethode, oder live ergänzen. Sei dir bewusst, dass dein Live-Sketchen aber mehr in Erinnerung bleibt als das Nur-Anheften. Wirf den visuellen Gedächtnisanker gezielt aus. Noch zwei Tipps: Wenn du die vorbereiteten Elemente kaschierst, kannst du diese lange verwenden. Ebenso kannst du eine Transparentfolie im Chartformat mit Lochung über dein Grundmotiv hängen und mit Folienmarkern beschreiben. So kann das Grundmotiv beliebig überzeichnet werden. Auch eine Bleistiftvorzeichnung – die ist für Teilnehmer nicht zu erkennen – erhöht das Tempo beim Live-Visualisieren. Vorskizzieren hilft nicht nur bei Bildsymbolen, sondern auch beim Schreiben.

Entschleunigend: Das ist ein positiver Nebeneffekt beim Live-Visualisieren für das Tempo deiner Gedanken. Gerade Zeitdruck und dadurch hervorgerufener Stress sind ein Hauptproblem der Arbeitswelt. Mit dem Visualisieren setzt du gezielt einen Gegenpol.

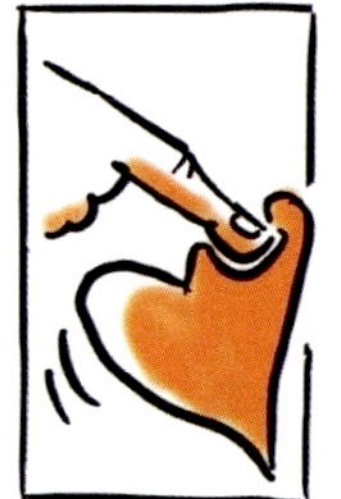

Eindrücklich, emotional: Etwas vereinfachte Wahrnehmungspsychologie: Information geht vom Herz ins Hirn. Unsere emotionalen Reaktionen sind schneller als unsere Gedanken. Unser Stammhirn und limbisches System triggern unbewusst schneller unsere Aufmerksamkeit, bevor unsere Großhirnrinde, unser Intellekt, ins Thema einsteigt. Sorge deshalb beim Visualisieren dafür, dass deine Sketches und deine Story emotionale Eindrücke hinterlassen und das Herz als Türöffner funktioniert.

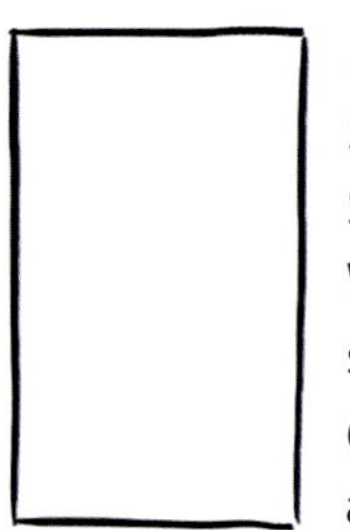

Erheiternd: Häufig lösen sich beim Sketchnoten Mundwinkel, Stirn und Schultern. Automatisch, weil manche Visualisierungen einfach originell und skurril sind. Ein Maß für gutes Miteinander ist der spielerische Ernst beim Visualisieren. »Ein Lächeln ist die kürzeste Entfernung zwischen zwei Menschen«, sagte der Musiker, Komiker und Entertainer Victor Borge. Oder wie Joachim Ringelnatz es ausdrückte: »Humor ist der Knopf, der verhindert, dass uns der Kragen platzt.«

Erklärend: Auf den Punkt gebrachte Visualisierungen sagen mehr als tausend Worte. Es gibt viele Dinge, die sogar nur durch Bilder erklärt und verstanden werden können. Ein Beispiel: Erkläre nur mit Worten, wie eine Wendeltreppe aussieht. Oder denke an die Vorteile von Bildern in der interkulturellen Kommunikation. BILDung ohne Bilder ist unvorstellbar. Eine übersichtliche Benutzerobefläche ohne Symbole und Icons auch.

Einzigartig: Jeder visualisiert anders. Zeige durch deine Visualisierung deine Persönlichkeit, deine Art zu denken, deine Haltungen. Das gelingt dir umso mehr, je weniger auswendig gelernte visuelle Symbole du nutzt. Natürlich kann mit gleichen Zutaten oder Noten ein guter Koch oder Komponist seine Kreativität zeigen und ausleben. Doch gerade die bildliche Darstellung und das visuelle Storytelling leben von Originalität. Einzigartige Dinge tragen zur Vielfalt bei und treiben Innovationen voran – alles wichtige Business-Themen.

Übung 48: Fällt dir vielleicht noch ein weiterer Feedback-Aspekt mit dem Anfangsbuchstabe »E« ein? Und wenn nicht, dann mit einem anderen Buchstaben? Ergänze es unten.

Aufgabe 49: Damit du diese »E« niemals vergisst, ergänze die Textblöcke durch visuelle Gedächtnisanker. Ich habe schon einmal damit angefangen.

34: SKETCH für die Welt

Viel geübt und nicht nur gelesen?

Es ist Fakt: Wir haben in fast allen Lebensbereichen kein Informations- oder Wissensproblem. Wir haben aber ein Problem, Wissen umzusetzen, in die Welt zu bringen.

Auch Bücherlesen füttert dich nur mit Informationen, die du ohne Tun schnell vergisst. Erinnere dich an Konfuzius. Sei ehrlich: Wie groß war dein Tun-Anteil beim Lesen dieses Buches wirklich? Deshalb möchte ich dir zum Schluss letzte Tipps geben, wie du am effektivsten deine Visualisierungsfähigkeiten weiterentwickelst.

Wovon hängt dein Lernerfolg ab?

Schwierigkeit der zu erlernenden Fähigkeit: Beim Visualisieren hast du es einfach. Du hast als Kind schon vieles davon gekonnt – du musst nur deine Zeichenwurzeln wiederfinden und etwas gießen und düngen.

Engagement und Praxis: Hier zählt vor allem eins: Tun! Einfach machen! Also üben, anwenden in der Praxis. Ja, von nix kommt nix. Mit dem Anfangen ist es nie zu spät.

Persönliche Motivation, Sinnhaftigkeit: »Ich will üben, weil mir Visualisieren nutzt.« Oder, und hoffentlich: »Ich will üben, weil es einfach Spaß macht.« Die Lernforschung zeigt, dass Motivation weitaus wichtiger ist als jede noch so ausgefeilte Lernmethode. Es ist abgedroschen, aber es stimmt: »Wo ein Wille ist, ist auch ein Weg.« Gehe diesen Weg.

Vorwissen und Talent: Ja, es gibt Begabungen. Aber Visualisieren ist vielfältig. Du kannst viele deiner vorhandenen Talente und Fähigkeiten beim Visualisieren einbringen – das macht Zeichenbegabung mehr als wett.

Lernumgebung und Anleitung: Ich hoffe, dass mir ein gutes Workbook, auch für dich, gelungen ist. Ein Buch, das möglich nahe an einen Workshop herankommt. Obwohl ich nicht persönlich auf dich eingehen kann. Dafür ist dieses Workbook eine immer verfügbare, orange leuchtende Inspiration in deinem Bücherregal.

Eine alte Geschichte aus Japan – die auch mit uns allen zu tun hat

In Japan genießen Tuschezeichner einen hohen Rang. Deshalb macht sogar der japanische Kaiser dem berühmtesten Tuschezeichner seiner Zeit seine Aufwartung. Denn er wünscht sich vom Meister ein Bild seiner Geburtslandschaft. Der Meister verspricht es.

Nach fünf Jahren fragt der Kaiser das erste Mal nach. Der Meister aber vertröstet den Kaiser und bittet noch mal um fünf Jahre Aufschub.

Nach weiteren fünf Jahren fragt der Kaiser, nun schon etwas ungehalten, wieder nach. Denn, auch wenn der Meister berühmt ist, dem Kaiser verwehrt man keinen Wunsch und kein Meisterwerk.

Der Meister bietet nochmals um letzte fünf Jahre Aufschub – und verspricht ihm dafür etwas ganz Besonderes. Der Kaiser gewährt ihm das zähneknirschend, auch weil er weiß, wie lange andere Hochgestellte auf ein Meisterwerk warten mussten.

Sesshu Toyo (1420–1506)
Emuseum, gemeinfrei, https://commons.wikimedia.org/w/index.php?curid=7695263

Kaffee auf Kopierpapier: Experiment muss sein.

Zwanzig Jahre sind nun vergangen. Der Kaiser ist alt und hat nicht mehr viele Lebensjahre vor sich. So macht er sich wieder auf zum Meister – und er bringt im Gefolge gleich den Scharfrichter mit. Der Meister begrüßt ihn unterwürfig und als der Kaiser nun das Bild verlangt, sagt der Meister, dass es leider immer noch nicht fertig ist. Der Kaiser ruft sofort seinen Scharfrichter. Der Meister bittet um die Gnade, noch ein letztes Bild zeichnen zu dürfen. Trotz des drohenden Todes reibt der

Meister in aller Ruhe und Konzentration, denn so machen es die Tuschemeister, seine Tusche an und wählt ein besonders edles Papier. Dann taucht er mit Sorgfalt seinen Tuschepinsel ein. Und nun skizziert er in flüssigen Bewegungen ein absolutes Meisterwerk – die gewünschte stimmungsvolle Landschaft.

Der Meister überreicht diese Zeichnung dem Kaiser demütig. Dieser ist überwältigt von diesem Bild, einem absoluten Meisterwerk, und begnadigt ihn. Aber dann kommt der Ärger wieder hoch und er fragt, noch immer etwas ungehalten, den Meister: »Warum hat das nun zwanzig Jahre lang gedauert? Das Meisterwerk ist doch in wenigen Minuten entstanden. Diese Zeit hättest du mir als Kaiser doch jederzeit einräumen können und auch müssen?«

Da bittet der Zeichner den Kaiser, ihn über den Hof seines Anwesens zu begleiten. Er öffnet wortlos die Tür eines großen Nebengebäudes. Der Kaiser wirft erstaunt einen Blick herein: Der gesamte Raum ist vom Boden bis zur Decke gefüllt mit Zeichnungen dieses einen Landschaftmotivs.

Wie hoch ist dein Stapel an Übungspapier?

Bringt dich diese Geschichte zum Nachdenken? Wie groß ist dein Übungsstapel im Vergleich zu dem, was du schon an Sketches in die Welt gebracht hast? Ich hoffe, du möchtest nicht zwanzig Jahre lang warten und mit Entwürfen Schubladen und Papierkörbe füllen.

Du wirst auch hoffentlich keinen Kaiser als Auftraggeber, Kollegen oder Chef haben. Auch solltest du dich von Menschen, die mit dem Scharfrichter oder sonst etwas drohen, fernhalten. Doch eine Variante des inneren Scharfrichters kennst du wahrscheinlich. Statt des Schwertes, führt er die Gut-oder-schlecht-Bewertungsschere. Er kann dich dadurch hindern, zu zeigen, was du schon kannst. Und glaube mir: Dieser Scharfrichter schleicht sich auch bei mir immer wieder ein. Besonders beim Sketchen für dieses Workbook war er aktiv und kritisch: »Gefällt dir das so wirklich? Gelingt dir das nicht besser – mach's nochmals, so lange, bis es perfekt ist. Was würden deine Kollegen zu diesen Sketches sagen? Glaubst du, dass deine Sketches deinen Leserinnen und Lesern wirklich gefallen?«

Übung 50: Falls du einen Scharfrichter im Kopf haben solltest: Hör ihm zu, aber lass ihn nicht bestimmen. Bring ihn als letzte Übung aufs Papier. Mach deinen inneren Kritiker zum Schlüsselbild. Mach ihn dadurch konkret greifbar und nützlich.

Nun ist Zeit, Ade und Danke zu sagen. Und vielleicht sogar auf bald – bei einem Visualisierungsevent oder in einem Workshop. Das würde mich sehr freuen. Wenn du dich dafür interessierst, schreibe mir eine Mail an:

sigi@buetefisch.de

Und eine Bitte: **Schreibe mir eine Rezension, wenn dir dieses Workbook gefallen und genutzt hat.** Am besten auf Amazon. Denn egal, was du und ich über Amazon als Unternehmen denken: Es ist einfach so, dass Amazon-Rezensionen uns Autoren am meisten bringen. Ich freue mich, wenn dieses Buch dazu beiträgt, dass mehr Menschen den Stift in die Hand nehmen. Denn meine Erfahrung ist: »Jeder, der visualisiert, macht unsere Kommunikation lebendiger und die Ergebnisse unserer Zusammenarbeit besser!« Das hilft, die vielen kleinen, aber auch komplexen und drängenden Probleme unserer Welt ein wenig besser zu lösen. Und das ist schon viel.

In diesem Sinne: eine gute Zeit und viel Spaß und Erfolg!

L3: BEGRIFFE – probiere dich aus

Statt Anhang eine Aufforderung: Klettere auf den Baum der Visualisierung!

Oder, wenn ich den Mund noch voller nehme: **Erkunde alle Äste vom Baum der Erkenntnis, alle Äste des nebenstehenden Sketchnote-Baums.** Von jedem Ast und mit jeder Spielart der Visualisierung gewinnst du eine neue Perspektive. So wirst du kreativ-effektiv beim Erfassen, Analysieren, Organisieren, Präsentieren und gemeinsamen Erkunden von Informationen aller Art. Egal, ob allein oder in der kollaborativen Zusammenarbeit.

Nutze diesen Anhang, um deine nicht endende Visualisierungsreise von Zeit zu Zeit zu reflektieren.

Schau auf die Sketchnote: Auf welchem Ast warst du schon, auf welchen noch nicht? Welche Früchte des Baumes hast du schon gekostet? Wie sind Äste und Zweige miteinander verbunden? Welches neues Grün sprießt – denn die Zeit bleibt nicht stehen. Wie schon betont: Sei als Visualisierer stets offen für neue Möglichkeiten und Anwendungen – auch für die neuen digitalen. Das lohnt sich. Denn visuelle Gestaltungskompetenz ist und bleibt unabhängig vom Werkzeug und Medienkanal. Ich wiederhole es: »Gute Visualisierer gestalten auch bessere PowerPoint-Folien.« Sie halten ebenfalls spannendere Vorträge, weil sie um Struktur und Storytelling wissen.

Nun etwas Butter bei die Fische rund um die Begriffsdefinitionen sowie den Nutzen der wichtigsten Spielarten von Visualisierung. Lass dich motivieren!

Doodling, Kritzeln, mit dem Stift spazieren gehen: Mehr oder weniger spontan entstehende Skizzen beim Gedanken-Machen oder beim Geist-Freigeben. Gerade beim Doodling ist es besonders wichtig, dass gerade Entstehende nicht sofort zu bewerten. Doodling ist mehr Treibenlassen als gezielt Strecke machen. → *Je nach Situation bringst du damit deine Kreativität ins Fließen. Das hilft dir, Flüchtiges festzuhalten und die Motivation beim Zuhören oder Entspannen aufrechtzuerhalten. Doodle so häufig wie möglich, dann wird es für dich zur guten, automatischen Gewohnheit.*

Sketchnotes: Sketchnotes sind visuelle Notizen, eine Kombination aus stichwortartigen Textnotizen und visuellen Elementen. Sketchnotes können komplex und detailreich sein oder auch sehr reduziert und einfach. Dann sind sie schon eher symbolhafte Icons oder Piktogramme beziehungsweise Schlüsselbilder. Dazu gleich mehr. → *Sketchnotes sind hervorragende Gedächtnisanker beim Lernen und Lehren. Sie sind Hingucker in Skripten und Büchern. Das Sketchnoten fördert Fokus und Konzentration und hilft beim Mitschreiben, Dokumentieren und Zusammenfassen von Informationen.*

Icons und Piktogramme: Ein Icon stellt eine Funktion und Aktion oder ein bestimmtes Objekt dar – meist in einem bestimmten Zusammenhang. → *Icons werden deshalb für Benutzeroberflächen in Apps oder auf Websites verwendet.* Ein Piktogramm ist ebenfalls ein vereinfachtes Symbol – aber universal verständlich. Um den Unterschied weiter zu verdeutlichen: Eine Glühbirne ist als Icon der Hinweis auf eine Glühbirne – als Piktogramm steht sie als Symbol für einen guten Gedanken. → *Als allgemein verständliche Symbolzeichen eignen sich Piktogramme für Schilder, Anleitungen und Infografiken.*

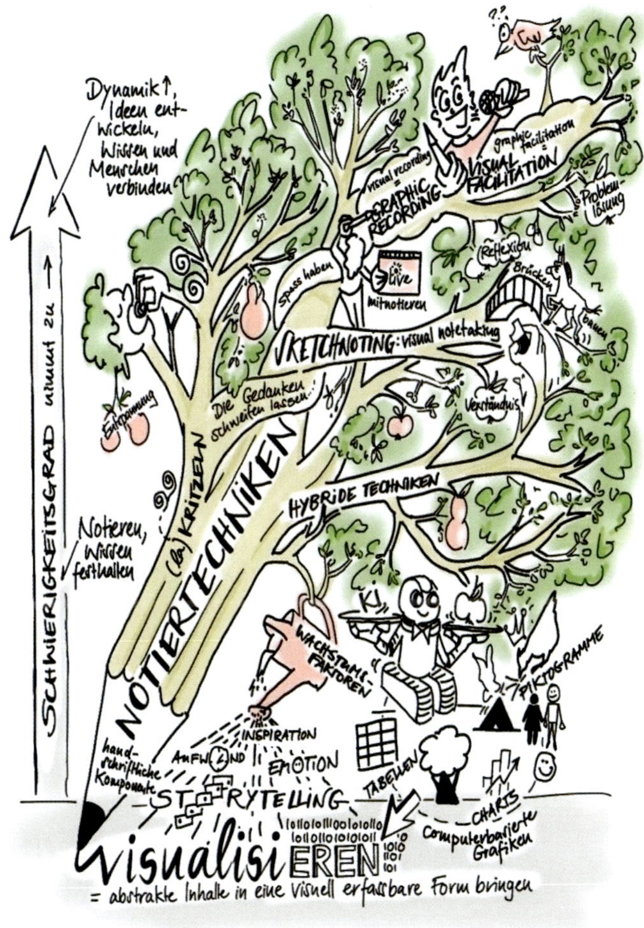

Iconography: Entwerfen von maximal reduzierten Symbolen, um Begriffe klein, kompakt und allgemeinverständlich einfach darzustellen. → *Einsatz und Nutzen wie bei Piktogrammen und Icons.*

Schlüsselbilder, Key Visuals, Key Images: Inhaltlich verdichtete Sketchnotes. Schlüsselbilder sind emotional stark aufgeladen, um aufzufallen und Reaktionen hervorzurufen. → *Schlüsselbilder dienen so als Gedächtnisanker, um wichtige Aussagen zu verdeutlichen. Wichtig dabei ist die Wiedererkennung und starke Einprägsamkeit. Durch den Einsatz von bestimmten Farben und einen einheitlichen Stil haben Schlüsselbilder auch in der Markenbildung eine große Bedeutung.*

Visual Presentation: Eine Präsentationstechnik, bei der visuelle Elemente (Seite 68, Quadrant 4) eine zentrale Rolle durch die Verbindung von Sprache und Bild spielen. → *Die Aufmerksamkeit und die emotionale Beteiligung der Zuhörer werden gesteigert. Komplexe Informationen werden verständlicher und bleiben länger im Gedächtnis. Der Präsentierende kann gerade durch Handmade-Visualisierungen mehr Persönlichkeit zeigen.*

Graphic Recording: Visuelles Festhalten und Dokumentieren von Informationen in Echtzeit während eines Events – egal, ob im großen Rahmen oder nur in einem Teammeeting. Meist wird das Graphic Recording im Rahmen des Events am Ende vorgestellt und diskutiert. Oft ist das Bild dabei noch nicht in allen Teilen fertig koloriert oder ausgearbeitet. → *Hier gilt das Gleiche wie für die Visual Presentation. Die visuelle Darstellung ist ein Impuls, Perspektiven und Interpretationen auszutauschen und so ein tieferes, gemeinsames Verständnis zu entwickeln. Dazu kommen ein bleibender Eindruck und eine Erinnerung: Die Teilnehmer können dadurch die Informationen wieder auffrischen und das Gehörte besser verankern. Ebenfalls dient ein Graphic Recording als Inspirationsquelle und ist eine Referenz für zukünftige Projekte.*

Visual Facilitation: Facilitation ist Prozessbegleitung. Entsprechend werden bei der Visual Facilitation Gruppenprozesse durch visuelle Darstellung unterstützt und vorangetrieben. Dabei kann der Facilitator zugleich Visualisierer sein, aber auch nur den/die Prozessbegleiter als Zeichner unterstützen. → *Hier gelten die gleichen prinzipiellen Vorteile wie beim Sketchnoting. Dazu kommt,*

Graphic Recording

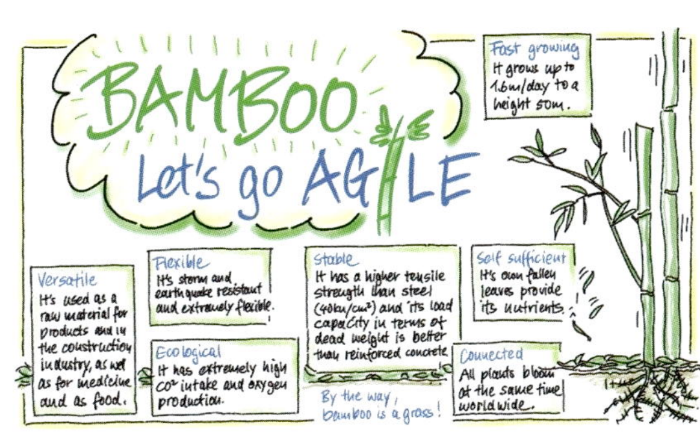

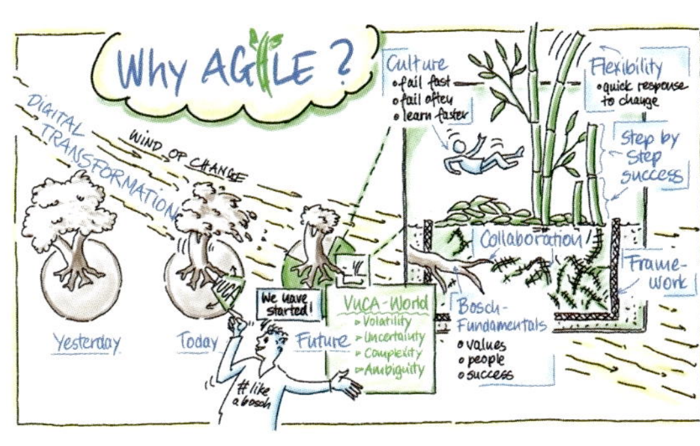

Visual Presentation

Flipchart-Moderation zum Thema Marketing und persönliche Überzeugung im Quick-and-dirty-Style.

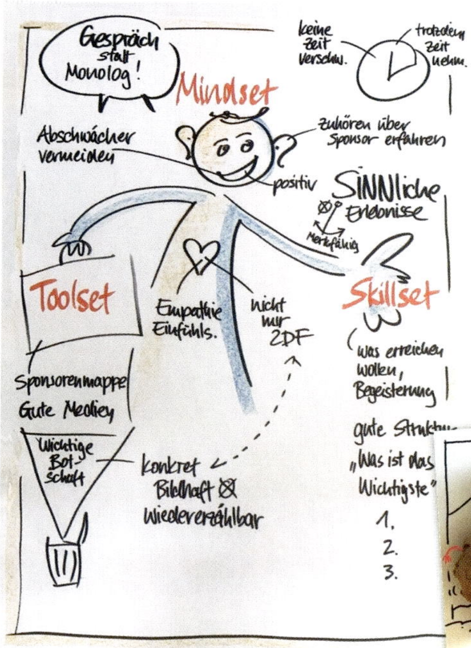

Prozessbilder

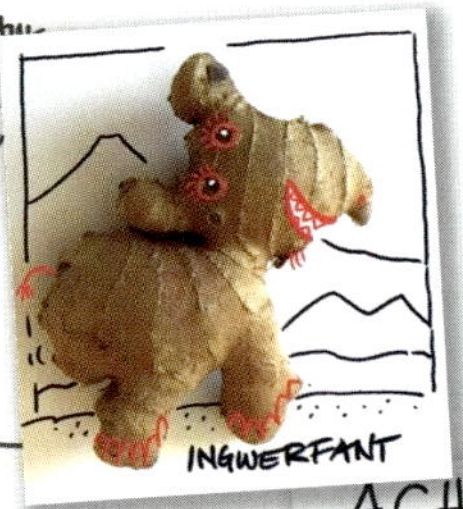

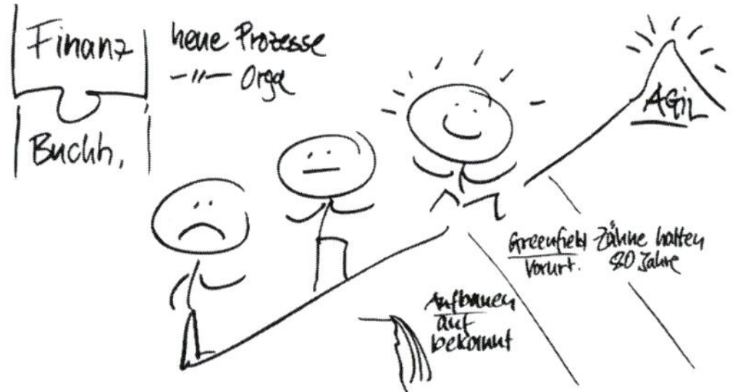

Gedankenskizze – Doodling auf dem Whiteboard.

dass die aktive Beteiligung und das Engagement durch die visuelle Sprache intensiviert werden. Auch werden die Teilnehmenden durch die Emotionalität und Einfachheit der Bildaussagen ermutigt, ihre Gedanken, Ideen und Meinungen visuell darzustellen und sich aktiv an der Gestaltung der visuellen Darstellungen zu beteiligen. Dies fördert Engagement, Kreativität und Interaktion in der Gruppe. Auch bei der Konsensbildung und Entscheidungsfindung unterstützen visuelle Facilitationstechniken im besonderen Maße.

Prozessbilder: Schon in den Neunzigerjahren entwickelte Reinhard Kuchenmüller eine Methode zur Prozessvisualisierung – eine Art des Graphic Recording als Abfolge von kleinen Einzelbildern. → *Die Einsatzmöglichkeiten sind ähnlich wie beim Graphic Recording und der Visual Facilitation. Ein Vorteil ist, dass das Materialhandling durch die kleinen Sketch-Formate deutlich einfacher ist. Der Nachteil dagegen ist, dass kein umfassendes, beeindruckendes Gesamtbild entsteht. Als Recorder mit noch wenig Erfahrung mit großen Wandbildformaten tut man sich mit den kleineren Prozessbildern, die ursprünglich in DIN-A5 angelegt worden sind, leichter.*

Schnappschusszeichnen: Hier ist der Visualisierer mit einem Event-Fotografen vergleichbar. Er skizziert Schnappschüsse von Gesprächen und Situationen, die er mit Stichworten inhaltlich präzisiert. Das fordert Schnelligkeit und viel Einfühlungsvermögen. → *Die Ergebnisse sind sehr begehrt und lassen sich auch in einer Dokumentation später gut verwenden.*

Chartgestaltung: Ein Flipchart kennt jeder. Gerade Flipcharts sind ein unkompliziertes analog-visuelles Medium für Präsentationen, Meetings und Workshops. → *Der einfache Umgang fördert spontanes Engagement beim Ideenfesthalten, Fragenbeantworten und Begleiten von Diskussionen. Das Umblättern der Seiten ermöglicht es, den Prozess deutlich zu machen. Die Formatgröße ermöglicht eine gute Lesbarkeit in mittelgroßen Räumen. Flipcharts sind per Handyaufnahme schnell digitalisiert und eine visuell ansprechende Alternative zu üblichen PowerPoint-Grafiken in Skripten und Handouts.*

Analoge oder digitale Whiteboards, klassische Tafel: Das klassische Whiteboard ist eine Zeichenfläche, die durchaus Wandbild- beziehungsweise Tafelformat haben kann. Es ist letztendlich eine abwischbare Tafel mit weißem Hintergrund, auf der mit Whiteboardmarkern visualisiert werden kann. → *Gerade das einfache Korrigieren macht ein Whiteboard sehr attraktiv für kollaboratives Prozessvisualisieren. Die Smart-Variante ist letztendlich ein großes, beschreibbares Tablet. Da hier andere Medien integriert werden können, wie zum Beispiel Fotos, Websites und Videos, ist der Einsatzbereich noch breiter. Die große Schiebewandtafel, bekannt aus vielen Hörsälen, nutze ich persönlich immer noch sehr gerne. Die beschreibbare Fläche ist immer noch von der Größe her unübertroffen und Schwamm und Kreide machen mir Spaß.*

Wandbilder: Üblicherweise wird hier auf Rollenpapier wandfüllend visualisiert. Wandbilder sind ein bevorzugtes Format für veranstaltungsbegleitendes Graphic Recording, bei dem das Ergebnis später dekorativ weiterpräsentiert werden soll. → *Das große Format von Wandbildern macht es möglich, selbst viele Informationen zu einem Thema oder einer Veranstaltung übersichtlich darzustellen. Wandbilder eignen sich auch optimal für visuelles Storytelling und das Visualisieren von faszinierenden metaphorischen Bildwelten zu einem Thema.*

Wissenslandkarten, Strategic Visualization: Das sind Wandbilder, die Strategien, Abläufe, Ziele und Visionen großformatig darstellen. → *Das ist eine sehr gute Möglichkeit, komplexe Zusammenhänge in ein großes Gesamtbild zu packen und dadurch sowohl Details als auch das große Ganze darzustellen.*

Arbeits- und Lernplakate: Diese Form von Visualisierungen organisieren Informationen und fördern das Lernen. → *Das ist die kleine Variante der Wisssenslandkarte und hilft ebenso, das Wichtigste zusammenzufassen.*

Activity Walls: Wandbilder, die so gestaltet sind, dass sie zum Mitsketchen und Mitarbeiten einladen. Eine Art Mischung aus Metaplanmethode, Visual Facilitation und Wandbild. → *Das kollaborative Aktivwerden steht im Vordergrund.*

Visual Storytelling: Visual Storytelling ist die Kunst, Geschichten durch visuelle Elemente wie Zeichnungen, Bilder oder Infografiken zu erzählen. → *Visuelles Storytelling ist die Grundlage jeder wirkungsvollen Visualisierung. Denn eine gute Geschichte bleibt im Gedächtnis.*

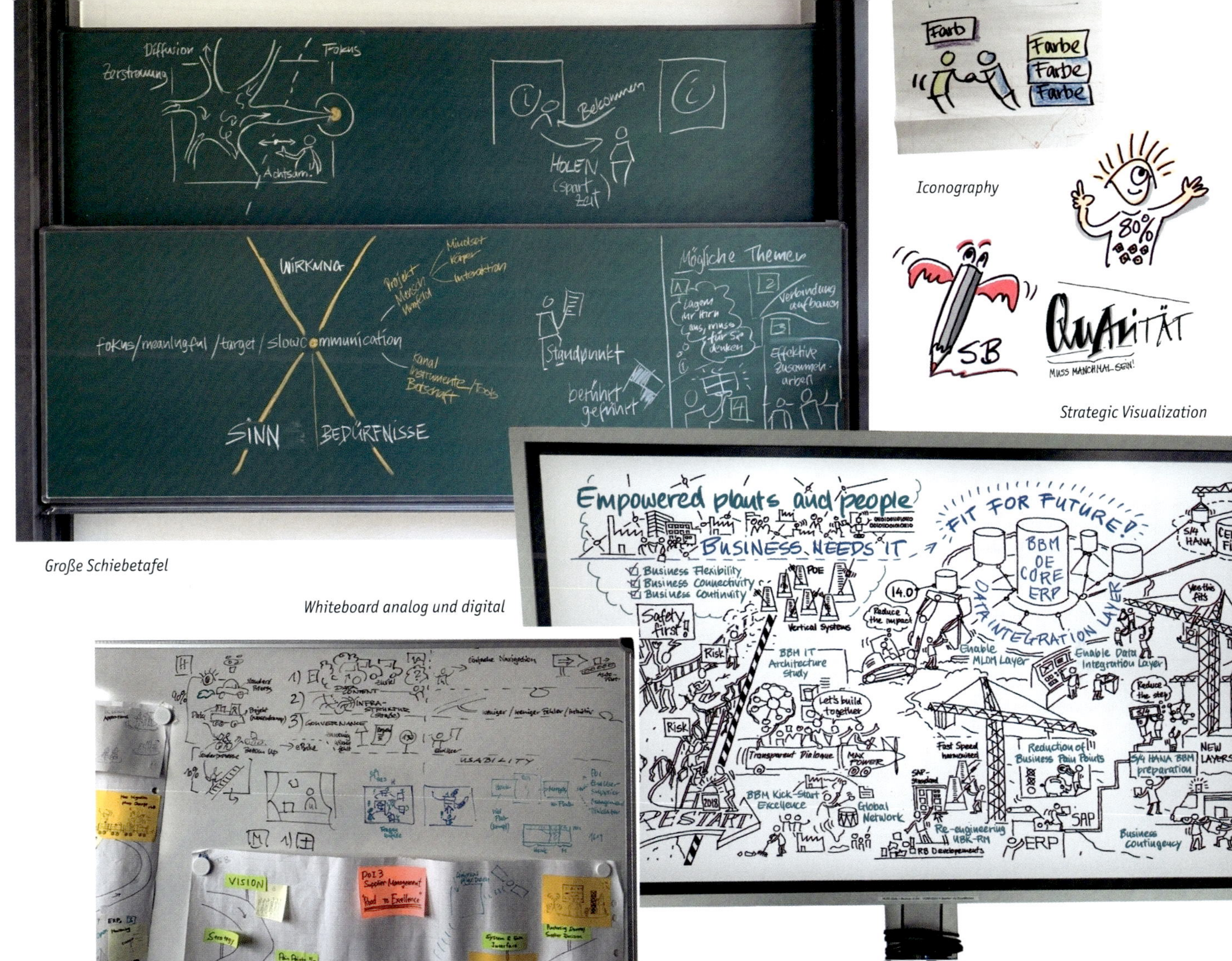

Iconography

Strategic Visualization

Große Schiebetafel

Whiteboard analog und digital

Flipcharts als Vorlage zum Ergänzen durch die Beraterin im Kunden-CI

In einem Style: Flipchart und Handmade-Stehtischdecken fürs World-Café

Animations-Sketches für Skribble-Videos

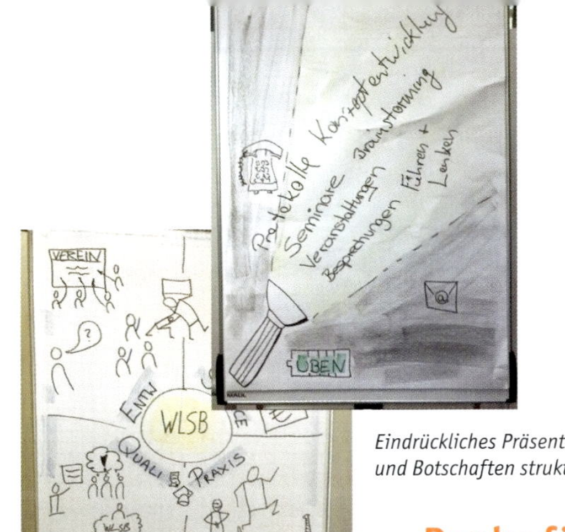

Eindrückliches Präsentieren und Botschaften strukturieren.

Die vorletzte Seite gehört den Teilnehmenden meiner Workshops. Übrigens ist die jüngste Visualisiererin sieben Jahre und der Älteste hat mit sechsundsiebzig angefangen. Man sieht es den Beispielen nicht an.

Danke für das Bereitstellen eurer Werke!

Ein Plakat für die Bewerbung vor einer Stellenkommission

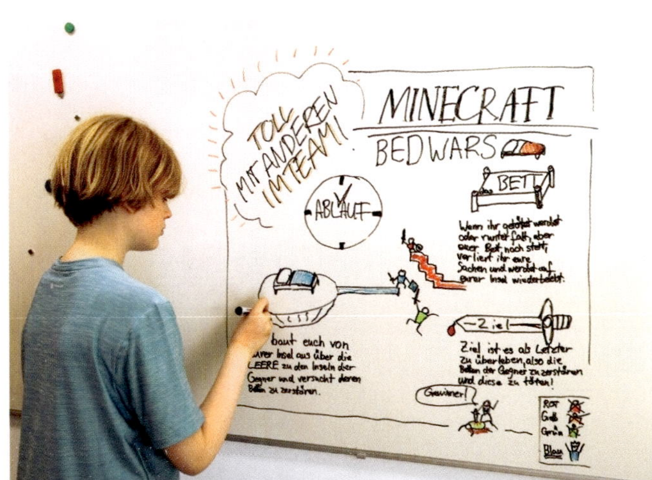

Schon dreizehnjährige Schüler profitieren vom cleveren Visualisieren.

Visuelles Denken: Denken in Bildern und vor allem in Bildergeschichten. → *Siehe Visual Storytelling. Visuelles Denken ist die Grundlage für Visualisierungen.*

Visuelles Coaching: Prozessbegleitung in Coaching und Therapie. Durch das Sichtbarmachen und Konkretisieren von Sprache steigt der Klient noch tiefer in das Thema ein. → *Ein mächtiges Tool für Coaches und Therapeuten. Hier ist der Visualisierer in besonders sensiblen Bereichen unterwegs, denn Bilder können triggern.*

Bullet Journaling: Ein visuell-individuell gestalteter Terminkalender, meist als Papier-Journal. Es gibt dafür inzwischen leistungsfähige Apps, welche versuchen, die Vorteile des Digitalen zu integrieren. → *Manche schätzen aber gerade die analoge, haptische Auszeit – und verzichten auf die Möglichkeit digitaler Informationsverarbeitung. Mit dem Bullet Journaling können verschiedene Aspekte des Lebens organisiert werden.*

Animation und Film: Gezeichnete Erklärfilme bringen Sketches in Bewegung. Durch die zusätzlichen Dimensionen Zeit, Sprache und Musik kann mehr Information in kürzerer Zeit ansprechend kommuniziert werden. Da jedoch pro Sekunde viele Sketches benötigt werden, ist der Aufwand groß. Ein Vorteil von sketch4video: Kurze Filme werden zu Ende geschaut. → *Die Wirkung von Filmen übertrifft deshalb die Wirkung von Einzelsketches oder Texten bei Weitem. Um einen Film ansprechend originell und nicht nur standardisiert mit dem Animationsbaukasten zu erstellen, braucht es ein gewisses Budget.*

Je weiter sich Visualisierung entwickelt, umso mehr Methoden oder Varianten entstehen. Lass dich auch nicht verwirren: Denn die Begriffsbezeichnungen sind oft unscharf und die Überschneidungen sind groß.

Entwickle eigene Visualisierungsspielarten, sei kreativ. **Was wirkt, ist gut! Alle Visualisierer, Prozessbegleiter und Trainer schöpfen aus der gleichen Quelle.** Bleib auf dem Laufenden, experimentiere, tausche dich aus.

Keine Aufgabe! Das hast du dir am Ende dieses Workbooks auch wirklich verdient.

Agile Games

Christian Böhmer
Agile Games
Das Spielebuch für agile Trainer,
Coaches und Scrum Master
2. Auflage 2023

254 Seiten; Broschur; 19,95 Euro
ISBN 978-3-86980-543-6; Art.-Nr.: 1102

Komplexe Fragen und Problemstellungen lassen sich auch spielerisch angehen. Gerade agile Spiele machen den Wandel greifbar, eröffnen neue Perspektiven und ermöglichen es, Erkenntnisse und kreative Ideen in einem geschützten Spielraum zu entwickeln.

Wie lassen sich agile Spiele gezielt einsetzen? Welche agilen Spiele gibt es? Wie lassen sich agile Spiele (weiter-) entwickeln? Wie funktioniert agiles Online-Gaming?

Antworten darauf liefert Böhmers Buch. Anschaulich zeigt es, wie agile Spiele gezielt eingesetzt werden und welche neuen Möglichkeiten sich im spielerischen Umgang mit Herausforderungen ergeben. Böhmers Buch liefert ein umfassendes Set an agilen Spielen inklusive praktischer Tipps zur Anwendung. Von Kick-off-Spielen über Spiele zur Vermittlung agiler Mindsets bis hin zu Strategiespielen.

Das Buch Agile Games ist die praktische Toolbox für agile Workshop-Macher.

www.BusinessVillage.de

Gamification: Präsentationen mit Fun-Faktor

Matthias Garten
Gamification – Präsentationen mit Fun-Faktor
Spielerisch, unterhaltsam und wirkungsvoll präsentieren
1. Auflage 2023

236 Seiten; Broschur; 29,95 Euro
ISBN 978-3-86980-687-7; Art.-Nr.: 1154

Wie lässt sich auf unterhaltsame Weise Wissen und Informationen vermitteln? Wie lassen sich trockene Themen interessanter verpacken und präsentieren? Wie involvieren und aktivieren wir Zuschauer?

Mit Gamification! Als wohl eines der ersten Bücher auf dem Markt zeigt Gartens Buch, wie Präsentationen und Vorträge mit Fun-Faktor entstehen: spielerisch, peppig, unterhaltsam und emotional überzeugend. Denn erst mit Humor und Interaktion kannst du Menschen erreichen und für dich gewinnen.

Es illustriert, wie du die Elemente Informieren, Unterhalten und Bewegen on- wie offline in deine Vorträge, Workshops, Seminare, Workshops, Vertriebsgespräche oder großen Town Hall Meetings integrierst.

Mit dieser praktischen Toolbox liefert dir neben spielerischen Elementen, Formaten und Settings auch konkrete Case-Studies die Lust auf Umsetzung machen.

www.BusinessVillage.de